Der Einblase-
und Einspritzvorgang
bei Dieselmaschinen

Der Einfluß der Oberflächenspannung
auf die Zerstäubung

Von

Dr.-Ing. Heinrich Triebnigg

Assistent an der Lehrkanzel für Verbrennungskraftmaschinenbau
der Technischen Hochschule Graz

Mit 61 Abbildungen im Text

Springer-Verlag Wien GmbH 1925

ISBN 978-3-7091-2342-3   ISBN 978-3-7091-2360-7 (eBook)
DOI 10.1007/978-3-7091-2360-7

Vorwort

Dom Ersuchen meines getreuen Mitarbeiters, des Verfassers dieser Schrift, diese mit einigen Worten einzubegleiten, gebe ich um so lieber Folge, als ich in der vorliegenden Studie einen nicht unbedeutenden Fortschritt in der Erkenntnis der für das Dieselverfahren grundlegend wichtigen Vorgänge verwirklicht sehe.

Für das Dieselverfahren bildet der Einbringungsvorgang des Brennstoffes in den Zylinder mit der damit verbundenen Voraufbereitung für den nachfolgenden Verbrennungsvorgang gewissermaßen den Noeud vital. Von ihm hängt die Wirtschaftlichkeit des Arbeitsverfahrens, ja die Betriebsmöglichkeit der Maschine überhaupt in grundlegender Weise ab.

Ein Blick auf die Entwicklung und auch auf den gegenwärtigen Stand des Dieselmaschinenbaues zeigt, daß der Brennstoffeinbringungsvorgang stets das Sorgenkind sowohl der ausführenden Praxis als insbesondere der theoretischen Erkenntnis war und ist. Zahlreiche Verfahren wurden erprobt und wieder verworfen, zahllose Konstruktionen versucht — zum Schluß hat sich aus einem von theoretischen Leitgedanken nur äußerst schwach gestützten Experimentieren Brauchbares entwickelt; derselbe Versuchsleidensweg mußte bei Entwicklung des kompressorlosen Einspritzvorganges vor wenigen Jahren aufs Neue begangen werden und ist auch heute noch nicht zu Ende durchlaufen.

Die vorliegende Arbeit versucht es — meines Wissens in der Fachliteratur zum ersten Male — den Einbringungsvorgang des Brennstoffes, und zwar für Lufteinspritzung wie auch für reine Druckeinspritzung, restlos theoretisch zu erfassen. Als Ausgangspunkt dient hiebei die Lehre von den Kapillaritätserscheinungen. Hiebei wird unter Berücksichtigung der Luftreibung eine vollkommen geschlossene Theorie der Strahlzerteilung bei Lufteinspritzung entwickelt, sowie insbesondere auch die Erkenntnis von dem Vorgang des Strahlzerfalls bei reiner Druckeinspritzung auf eine — auch vom Standpunkt des Physikers aus — neue Basis gestellt.

Die gewonnenen Ergebnisse, die mangels genauer Kenntnis einzelner physikalischer Konstanten, insbesondere der Kapillaritätskonstanten und des Reibungswertes zwischen Luft und Öl zunächst nur genereller Natur sein können, werden durch die Ergebnisse von Betriebsversuchen erhärtet und für zahlenmäßige Auswertung brauchbar gemacht.

Hiemit ist der Leitfaden gewonnen, an dem sich weitergehende Erkenntnis des Brennstoffeinbringungsvorganges und die konstruktive Entwicklung der dazu dienenden Mittel zu halten hat.

Außerdem erscheint mir das in der vorliegenden Arbeit neu entwickelte und durch Versuche auch als praktisch gültig nachgewiesene Gesetz der „Einblasedruckregulierungsgeraden" von besonderer Bedeutung, da es so nunmehr möglich ist, auf Grund eines einzigen Versuches den für jede Belastungsstufe der Maschine wirtschaftlichsten Einblasedruck vorauszubestimmen und damit auch für Teillasten eine flachere Verbrauchscharakteristik zu erhalten, als dies bisher der Fall war.

Graz, im Sommer 1925

Prof. Dr.-Ing. J. Magg

Einleitung

Mit der folgenden Abhandlung über den Einblase- und Einspritz-vorgang bei Dieselmaschinen hoffe ich eine Lücke zu schließen, die bis heute im Ringe der Abhandlungen über diese Gruppe von Verbren-nungskraftmaschinen offen blieb.

Es ist in der Folge als „Einblasevorgang" der Einströmvorgang bei Kompressordieselmaschinen bezeichnet, wo der Brennstoff mit Hilfe von hochgespannter Luft „eingeblasen" wird. Als „Einspritzvorgang" wird die reine Druckeinspritzung bei kompressorlosen Dieselmaschinen benannt. Diese Bezeichnungen haben sich auch heute bereits in der Fachliteratur eingebürgert.

Es bestehen bereits einige Abhandlungen über die Brennstoffdüse und den Einströmvorgang bei Kompressordieselmaschinen, doch weichen alle dem eigentlichen Düsenproblem aus, so daß die wichtige Frage des Zerstäubungsvorganges in der Düse und der daraus resultierenden Gemischbildung im Zylinder offen bleibt.

Ebenso wurden im Verlaufe der bisherigen Entwicklung der kom-pressorlosen Dieselmaschinen wertvolle Untersuchungen veröffentlicht. Doch blieb auch hier die Frage der Zerstäubung des Brennstoffes, des Strahlzerfalls ungelöst.

In dieser Abhandlung über den Einblase- und Einspritzvorgang bei Dieselmaschinen wird durch Anwendung der Oberflächenspannung von Flüssigkeiten (Kapillarität) der Zerstäubungsvorgang beim Ein-blasevorgang einerseits und der Strahlzerfall bei Druckeinspritzung anderseits einer theoretischen Lösung zugeführt, die durch die Praxis bestätigt erscheint.

Durch das Außerachtlassen der Oberflächenspannung mußten alle bisherigen Untersuchungen, die mehr oder minder auch den Zerstäu-bungsvorgang einer Erklärung zu unterziehen suchten, auf unrichtige Ergebnisse kommen; so ist z. B. die bis heute übliche Annahme einer allmählichen Zerstäubung des Brennstoffes beim Einblase- wie auch beim Einspritzvorgang nicht begründet.

Der Abschnitt über den „Einblasevorgang" hat meine Doktor-dissertation (Frühjahr 1924) zur Grundlage. Die Untersuchungen wurden jedoch zwecks vergleichender Berechnungen mit dem „Einspritzvor-gang" zum großen Teil umgestaltet, manches wurde vereinfacht, einige Untersuchungen erweitert und neue hinzugefügt.

Die Untersuchungen über den Strahlzerfall beim Einspritzvorgang verdanken ihr Entstehen der Anregung, die ich durch die in den letzten Jahren in den Fachzeitschriften veröffentlichten Abhandlungen über dieses Gebiet erhalten habe.

Der Ausgangspunkt der Untersuchungen bildet, wie schon erwähnt, die Oberflächenspannung von Flüssigkeiten, die von maßgebendem Einfluß bei sonst konstanten Verhältnissen auf die Größe der zerstäubten Flüssigkeitsteilchen ist. Bis heute fehlen eingehende Untersuchungen über die Oberflächenspannung von Treibölen. Es wird der Viskosität der Öle ein überragender Einfluß eingeräumt, der durch diese Abhandlung hinsichtlich des Zerstäubungsvorganges ungerechtfertigt erscheint; physikalisch konnte ein gesetzmäßiger Zusammenhang zwischen Oberflächenspannung und Viskosität bis heute wahrscheinlich mangels an Untersuchungen nicht festgestellt werden.

Es wäre ein dankbares Feld für Untersuchungen, vergleichende Messungen von Oberflächenspannung und Viskosität für die verschiedenen gebräuchlichen Treiböle hinsichtlich Verhaltens untereinander (Rohöle — Steinkohlenteeröle usw.) anzustellen. Doch sind Messungen der Oberflächenspannung im Vergleich zu den übrigen technischen Untersuchungsmethoden nur sehr schwierig auszuführen, will man wirklich exakte Ergebnisse erhalten.

Ich glaube mit dieser Abhandlung im technischen Sinne eine Lösung gefunden zu haben für die Oberflächengestalt von Flüssigkeitskörpern, die unter Einwirkung von Reibungskräften stehen.

Um den Endzweck zu erreichen, den Einblase- und Einspritzvorgang einer erklärenden Lösung zuzuführen, mußten natürlich vereinfachende Annahmen gemacht werden, die für eine rein physikalisch theoretische Untersuchung nicht statthaft gewesen wären. Da jedoch bis heute meines Wissens physikalisch der Einfluß der Reibungskraft auf die Oberflächengestalt von Flüssigkeitskörpern noch nicht untersucht wurde, möge diese Abhandlung, soweit sie das Zerstäuben selbst umfaßt, auch für die Physik eine Anregung zu weiterer eingehender Untersuchung bilden.

Zum Schlusse sei allen, die meine Arbeit fördern halfen, auf diesem Wege der Dank abgestattet. Ich danke der Grazer Waggon- und Maschinenfabrik AG. für die überlassenen Untersuchungsdaten einer U-Bootdieselmaschine. Insbesondere bin ich jedoch Dank schuldig meinem hochverehrten Vorstand und ehemaligen Lehrer, Herrn Prof. Dr.-Ing. Julius Magg, der mir mit Rat zur Seite stand und mir in jeder Weise seine Unterstützung angedeihen ließ.

Graz, im Sommer 1925

Dr.-Ing. H. Triebnigg

Inhaltsverzeichnis

	Seite
I. Physikalische Grundlagen der Zerstäubung	1

II. Der Einblasevorgang bei Brennstoffdüsen mit Lufteinspritzung (Dieselmaschinen mit Einblasekompressor) 7

1. Die Hauptformen der Brennstoffdüsen mit Lufteinspritzung .. 7
2. Der Energieumsatz in der Brennstoffdüse mit Lufteinspritzung 11
3. Die Zerstäubung des Brennstoffes mittels Druckluft 14
4. Der Düsenmündungsquerschnitt als Funktion von w_2, w_{b2} und $\dfrac{G_b}{G_l}$ 26
5. Die Beschleunigung der zerstäubten Brennstoffteilchen an der Düse durch die Einblaseluft 29
6. Die Verwirbelungsarbeit 41
7. Der Einströmvorgang an der praktischen Brennstoffdüse 49
8. Belastungsregelung bei konstantem Einblasedruck und konstanter Ventileröffnungszeit 60
9. Regelung des Einblasedruckes mit der Belastung 64
10. Änderung der Einblaseenergie durch Änderung der Einströmzeit 77
11. Ausgeführte Einblasedruckregelungen 78
12. Regelung des Einblasedruckes bei konstantem Drehmoment und veränderlicher Tourenzahl 80
13. Die Bestimmung des Düsenplättchenquerschnittes 89
14. Die Verwendung verschiedener Treiböle in der Maschine 96

III. Der Einspritzvorgang bei kompressorlosen Dieselmaschinen 97

1. Zerfall von Flüssigkeitsstrahlen unter großem Druckgefälle 97
2. Der Einspritzvorgang bei praktisch ausgeführten Düsen 121
3. Die Verwirbelungsarbeit 123
4. Allgemeine theoretische Forderungen an die Regelung der Dieselmaschinen mit reiner Druckeinspritzung 133
5. Vergleichende Zusammenfassung des Einblase- und Einspritzvorganges 134
6. Verwendung verschiedener Treiböle bei reiner Druckeinspritzung 135

Nachwort 135

Literaturnachweis 136

Sach- und Namenverzeichnis 137

I. Physikalische Grundlagen der Zerstäubung[1])

An der Grenzfläche einer Flüssigkeit und dem sie umgebenden Medium äußert sich als Wirkung der Molekularkräfte eine in allen Punkten konstante und von der Richtung unabhängige Spannung, „Oberflächenspannung", tangentiell an die Grenzfläche angreifend, die das Bestreben hat, bei gegebenem Flüssigkeitsvolumen ein Minimum an Flüssigkeitsoberfläche zu bilden.

Diese auch erfahrungsmäßig vorhandene und zahlenmäßig bestimmbare Oberflächenspannung erfordert zur Vergrößerung der Flüssigkeitsoberfläche O bei konstantem Volumen einen Arbeitsaufwand $a\,d\,O$, der der Vergrößerung der Flüssigkeitsoberfläche $d\,O$ proportional ist. a bezeichnet die Oberflächenspannung pro Längeneinheit und besitzt die Dimension: $\dfrac{\text{Kraft}}{\text{Länge}}$.

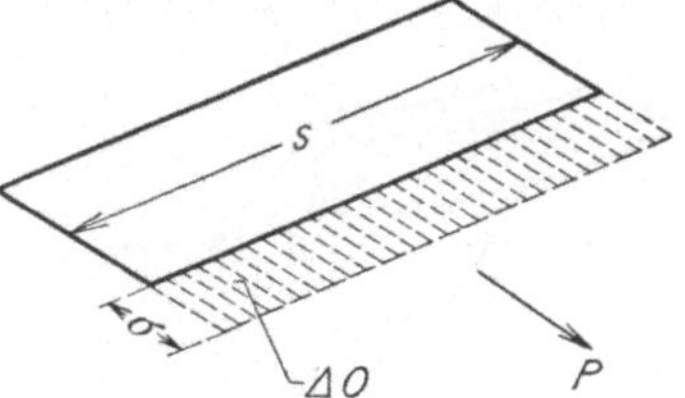

Abb. 1. Oberflächenvergrößerung $\varDelta\,O$ der Flüssigkeitsoberfläche bewirkt durch die Tangentialkraft P.

Betrachten wir ein Stück einer Flüssigkeitsoberfläche (Abb. 1), an der in der Länge s die Kraft P angreift, so ist nach dem Vorhergesagten

$$P = a \cdot s \tag{1}$$

Es ist die Arbeit $\varDelta\,A$ der Kraft P auf dem Wege σ

$$\varDelta\,A = P \cdot \sigma = a \cdot s \cdot \sigma = a \cdot \varDelta\,O, \tag{2}$$

da $s \cdot \sigma = \varDelta\,O$ ist.

$\varDelta\,A$ ist also der der Oberflächenvergrößerung proportionale Arbeitsaufwand. Vernachlässigen wir die durch die Oberflächenveränderung erfolgte Änderung der Oberflächenentropie, was in diesem Falle ohne-

---

[1]) Die im folgenden behandelten grundlegenden Erscheinungen der Kapillarität (Oberflächenspannung) werden im Rahmen dieser Abhandlung nur so weit einer erklärenden Betrachtung unterzogen, als sie zum Verständnis der aus der Kapillaritätstheorie gezogenen Schlußfolgerungen der Flüssigkeitszerstäubung notwendig erachtet wurden. Eingehende theoretische Abhandlungen über Kapillarität sind in den im Literaturnachweis angeführten physikalischen Büchern zu finden.

weiters gestattet erscheint, so können wir die Behauptung aufstellen: **Die Oberflächenenergie einer Flüssigkeitsoberfläche ist gleich der Energie der angreifenden äußeren Kräfte.**

Oberflächenenergie und Energie der äußeren Kräfte halten sich also das Gleichgewicht, wobei die Bedingung besteht, daß das Flüssigkeitsvolumen konstant und die Flüssigkeitsoberfläche für den speziellen Fall ein Minimum bilden muß. Nur in diesem Falle ist das Gleichgewicht stabil, so daß die Flüssigkeitsoberfläche erhalten bleibt.

Betrachten wir nun eine räumlich gekrümmte Flüssigkeitsoberfläche, die unter dem Druck p steht. Abb. 2 zeigt ein Flächenelement dieser Flüssigkeitsoberfläche. An jedem Flächenelement denken wir uns in zwei zueinander normalen Richtungen die Oberflächenspannung α angreifend, die dem Druck p durch Bildung eines resultierenden Normaldruckes zur Oberfläche das Gleichgewicht hält. Wie wir sehen werden, ist dadurch eine bestimmte Oberflächengestalt der Flüssigkeit gegeben.

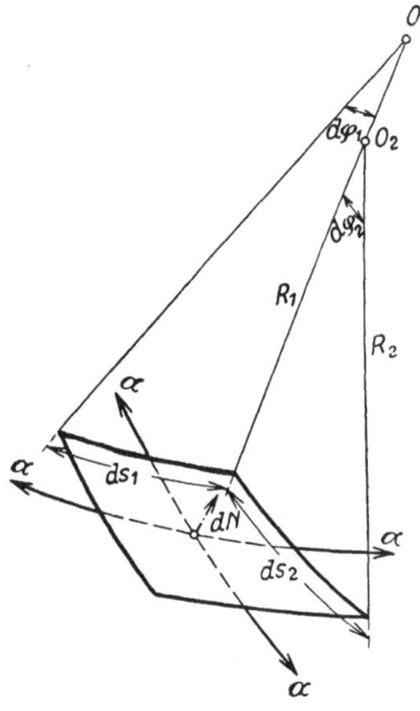

Abb. 2. Oberflächenelement einer Flüssigkeit unter Einwirkung der Oberflächenspannung.

Die Seiten des Flächenelementes dF seien ds_1 und ds_2. R_1 sei der Krümmungsradius des dem Linienelement ds_1, R_2 der Krümmungsradius des dem Linienelement ds_2 zugeordneten Krümmungskreises. Sind $d\varphi_1$ und $d\varphi_2$ die ds_1 und ds_2 zugehörigen Öffnungswinkel, so ist

$$ds_1 = R_1 \cdot d\varphi_1 \quad \text{und} \quad ds_2 = R_2 \cdot d\varphi_2.$$

Die durch die Oberflächenspannung hervorgerufenen Tangentialkräfte ergeben sich nach dem früher Gesagten als $\alpha \cdot ds_1$ und $\alpha \cdot ds_2$. Ihre Normalkomponenten zur Flüssigkeitsoberfläche dN_1 und dN_2 ergeben sich wie folgt:

$$dN_1 = 2\,\alpha \cdot ds_2 \cdot \sin\frac{d\varphi_1}{2}, \quad dN_2 = 2\,\alpha \cdot ds_1 \cdot \sin\frac{d\varphi_2}{2}.$$

Da $\quad\sin\dfrac{d\varphi_1}{2} = \dfrac{d\varphi_1}{2}\quad$ und $\quad\sin\dfrac{d\varphi_2}{2} = \dfrac{d\varphi_2}{2},$

ferner $\quad d\varphi_1 = \dfrac{ds_1}{R_1}, \quad d\varphi_2 = \dfrac{ds_2}{R_2}.$

und $ds_1 \cdot ds_2 = dF,$

so können wir schreiben:

$$d N_1 = \alpha \cdot ds_2 \cdot d\varphi_1 = \alpha \cdot ds_1 \cdot ds_2 \cdot \frac{1}{R_1},$$

$$d N_2 = \alpha \cdot ds_1 \cdot d\varphi_2 = \alpha \cdot ds_1 \cdot ds_2 \cdot \frac{1}{R_2},$$

$$d N_1 + d N_2 = d N, \quad \text{wenn} \quad d N \quad \text{den resultierenden}$$

Normaldruck bezeichnet.

Es ist
$$d N = d N_1 + d N_2 = \alpha \left(\frac{1}{R_1} + \frac{1}{R_2} \right) ds_1\, ds_2$$
$$= \alpha \left(\frac{1}{R_1} + \frac{1}{R_2} \right) d F$$

Der Druck p ergibt auf das Flächenelement $d F$ eine Kraft $p \cdot d F$, die dem Normaldruck $d N$ das Gleichgewicht hält.

Es ist daher

$$d N = \alpha \left(\frac{1}{R_1} + \frac{1}{R_2} \right) d F = p \cdot d F \quad \text{und}$$

$$\alpha \left(\frac{1}{R_1} + \frac{1}{R_2} \right) = p \qquad (3)$$

als Gleichgewichtsbedingung für eine beliebige Flüssigkeitsoberfläche.

Betrachten wir den speziellen Fall einer Rotationsfläche um eine z-Achse (Abb. 3), so ist, wenn wir unter dem Winkel τ die Neigung der Tangente zur Achsennormalen (r-Richtung) bezeichnen,

$$\operatorname{tg} \tau = \frac{dz}{dr}, \quad \text{wenn mit } r \text{ der je-}$$

weilige Normalabstand eines beliebigen Oberflächenpunktes von der z-Achse bezeichnet ist.

Es ist dann $r = R_1 \cdot \sin \tau$ und

$$\frac{1}{R_1} = \frac{\sin \tau}{r}.$$

Ferner ist $R_2\, d\tau = ds_2$ und

$$\frac{1}{R_2} = \frac{d\tau}{ds_2} = \frac{d\tau}{dr} \cdot \frac{dr}{ds_2} = \frac{\cos \tau\, d\tau}{dr} =$$

$$= \frac{d\,(\sin \tau)}{dr}.$$

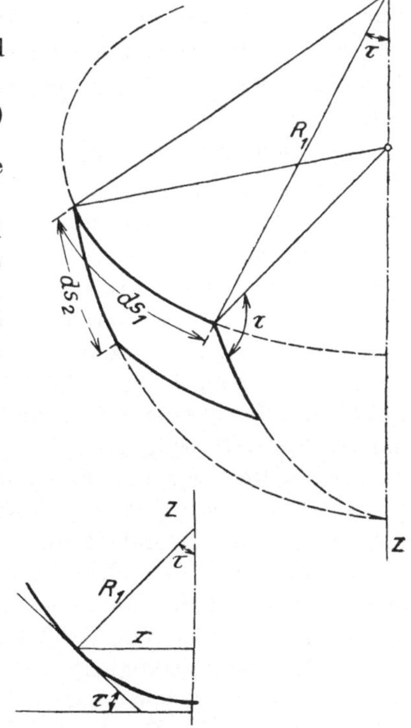

Abb. 3. Oberflächenelement eines Flüssigkeitsrotationskörpers.

Setzen wir die Werte von $\dfrac{1}{R_1}$ und $\dfrac{1}{R_2}$ in die Gleichung (3) ein, so erhalten wir:

$$\alpha \left(\frac{1}{R_1} + \frac{1}{R_2} \right) = \alpha \left(\frac{\sin \tau}{r} + \frac{d\,(\sin \tau)}{dr} \right) =$$

(4)

$$\alpha \, \frac{\sin \tau \, dr + r \cdot d\,(\sin \tau)}{r\,dr} = \alpha \, \frac{d\,(r \sin \tau)}{r\,dr} = p.$$

Setzen wir für $p = \gamma_f \cdot f\,(z)$ wobei γ_f das spezifische Gewicht der Flüssigkeit, z die Druckhöhe bedeutet, so lautet die Differentialgleichung:

$$\alpha \, \frac{d\,(r \cdot \sin \tau)}{r\,dr} = \gamma_f \cdot f\,(z), \qquad\qquad \text{wobei } tg\,\tau = \frac{dz}{dr}.$$

Durch diese Differentialgleichung sind wir in der Lage, die Gestalt einer Flüssigkeitsoberfläche, die unter Einwirkung von äußeren Kräften steht, zu bestimmen.

In den physikalischen Handbüchern findet man die Auswertung dieser Differentialgleichung der Gestalt von Flüssigkeitsoberflächen nur auf die Betrachtung der folgenden zwei Fälle beschränkt:

1. Die Flüssigkeitsoberfläche sei der Einwirkung von äußeren Kräften entzogen und nur der Wirkung der Oberflächenspannung überlassen.

2. Von äußeren Kräften wirke einzig und allein nur die Schwerkraft.

Bei den Zerstäubungsvorgängen, wie wir sie speziell beim Einblasevorgang der Dieselmaschine betrachten, tritt bei den auftretenden hohen Einblasedrücken die Schwerkraft als äußere Kraft gegenüber der auftretenden Reibungskraft zwischen Flüssigkeit und dem sie umgebenden Medium ganz zurück. Wir können daher die Wirkung der Schwerkraft vernachlässigen, um so mehr, als die Ölteilchen sehr klein sind, die auftretende Reibungskraft infolge der großen Relativgeschwindigkeiten zwischen Flüssigkeitsteilchen und umgebendem Medium im Verhältnis zur Schwerkraft sehr groß ist.

Betrachten wir ein Flüssigkeitsteilchen, das gegenüber den ihm umgebenden Medium (z. B. Luft) eine Relativgeschwindigkeit besitzt, so übt die auftretende Reibungskraft auf die Flüssigkeitsoberfläche einen Druck aus, dem der Normaldruck, der sich aus der Oberflächenspannung in jedem Punkte des Teilchens resultiert, das Gleichgewicht halten muß. Die Reibungskraft ändert sich annähernd mit dem Quadrate der Relativgeschwindigkeit. Es hängt daher die Oberflächengestalt des Flüssigkeitsteilchens und damit, wie wir in einem späteren Abschnitt sehen werden, die Größe des Flüssigkeitsteilchens von der Relativgeschwindigkeit ab.

Die Ursachen der Reibungskraft sind Oberflächenwiderstand und Druckwiderstand, abhängig von der Form des bewegten Flüssigkeitsteilchens und der Beschaffenheit der Oberfläche. Beide zusammen üben als Wirkung der Reibungskraft einen Druck auf die Flüssigkeitsoberfläche aus, der allgemein für jeden Punkt der Oberfläche veränderlich sein wird.

Ein Vergleich der Größenordnung von zerstäubten Flüssigkeitstropfen und der Reibungsdruckhöhe, die beim Zerstäubungsvorgange in der Düse auftreten, — die Flüssigkeitstropfen sind im Mittel von der Größenordnung 0·01 *mm* die kleinst auftretende Reibungsdruckhöhe von der Größenordnung 100 *m* — läßt die vereinfachende Annahme zu, der Druck verteile sich konstant über die Stirnfläche des Flüssigkeitsteilchens.

Gleichung (4) erhält daher die Form:

$$\alpha \frac{d\,(r\,.\,\sin\tau)}{r\,dr} = p_r \tag{5}$$

wobei $p_r =$ konstant ist.

Die Lösung der Differentialgleichung erhalten wir folgend:

$$d\,(r\,.\,\sin\tau) = \frac{p_r}{\alpha}\,.\,r\,dr,$$

$$r\,.\,\sin\tau \,\Big|_{\tau=o}^{\tau} = \frac{p_r}{\alpha}\,.\,\frac{r^2}{2}\,\Big|_{r=o}^{r}$$

$$\sin\tau \,\Big|_{\tau=o}^{\tau} = \frac{p_r}{2\,\alpha}\,.\,r\,\Big|_{r=o}^{r}$$

$$r = \frac{2\,\alpha}{p_r}\,.\,\sin\tau \tag{6}$$

Es stellt die Gleichung (6) die Gleichung eines Kreises dar, dessen Radius r_1 der größte Wert von r ist. Für $\tau = \dfrac{\pi}{2}$ wird $\sin\tau = 1$ und $r = r_{\max} = r_1$ (siehe Abb. 3).

Wir erhalten

$$r_1 = \frac{2\,\alpha}{p_r}. \tag{7}$$

Bezeichnen wir mit:

R^{kg} die Reibungskraft,

ψ den Reibungskoeffizienten,

γ_l^{kg/m^3} das spezifische Gewicht der vorbeistreichenden Luft,

F^{m^2} die größte Querschnittsfläche des Flüssigkeitsteilchens normal zur Bewegungsrichtung,

$w_r^{m/sec}$ die Relativgeschwindigkeit zwischen Luft und Flüssigkeitsteilchen,

P_r^{kg/m^2} den mittleren Reibungsdruck,

so können wir hinreichend genau anschreiben:

$$R = \psi \cdot \frac{\gamma_l}{g} \cdot F \cdot w_r^2 \qquad \text{und}$$

$$P_r = \frac{R}{F} = \psi \cdot \frac{\gamma_l}{g} \cdot w_r^2.$$

Setzen wir den Wert von P_r in die Gleichung (7) ein, so erhalten wir:

$$(8) \qquad r_1 = \frac{2\,\alpha}{P_r} = \frac{2\,\alpha}{\psi} \cdot \frac{g}{\gamma_l} \cdot \frac{1}{w_r^2}.$$

Die Stirnfläche des Flüssigkeitsteilchens ist also unter dieser vereinfachten Annahme eine Halbkugelfläche[1]).

Die allgemeine Diskussion der Gleichung (8) zeigt vor allem den Einfluß der Oberflächenspannung und der Relativgeschwindigkeit auf r_1; r_1 ist der Oberflächenspannung α direkt und dem Quadrate der Relativgeschwindigkeit w_r verkehrt proportional. Je größer die Oberflächenspannung, desto größer ist r_1 und damit auch die zerstäubten Flüssigkeitsteilchen, wie wir später sehen werden. Eine Abhängigkeit des r_1 von der Viskosität der Flüssigkeit findet sich in Gleichung (8) nicht vor. Eine gesetzmäßige Abhängigkeit der Oberflächenspannung von der Viskosität ist auch nach den bisherigen physikalischen Untersuchungen nicht vorhanden[2]).

Es ist sicher, daß sich mit der Zähigkeit auch die Oberflächenspannung ändert; in welchem Verhältnis dies jedoch vor sich geht, ist ohne eingehende Untersuchungen von Treibölen auf die Größe der Oberflächenspannung nicht zu erkennen. Der Einfluß der Viskosität beschränkt sich daher auf die Fortleitung der Flüssigkeit, ist jedoch für die Zerstäubung belanglos.

Da die Größe der zerstäubten Flüssigkeitsteilchen von ausschlaggebender Bedeutung für eine gute Verbrennung in der Dieselmaschine ist, kann die bisherige Untersuchung der Treiböle unter Vernachlässigung der Messung der Oberflächenspannung kein vollwertiges Bild für die Brauchbarkeit des Öles in der Verbrennungskraftmaschine ergeben.

Mit steigender Temperatur nimmt die Oberflächenspannung in ziemlich großem Temperaturbereich linear ab[3]).

---

[1]) Wie physikalisch-theoretische Untersuchungen zeigen, stellt auch die Annahme des konstanten P_r die einzige exakte Lösung der Differentialgleichung $\alpha \cdot \dfrac{d\,(r \sin \tau)}{r\,dr}$ dar. Schon die Annahme einer Veränderlichkeit des P_r durch die Gleichung $P_r = \gamma_f \cdot z$ führt auf höhere elliptische Integrale, die nur durch Näherungsmethoden aufgelöst werden können.

[2]) Winkelmann, Handbuch der Physik, I, 2. S. 1356.

[3]) Winkelmann, Handbuch der Physik, I, 2. S. 1177.

Bezüglich des Reibungskoeffizienten ψ können wir feststellen: Zahlenmäßige Werte von ψ zwischen Flüssigkeiten und gasförmigen Körpern finden sich in der einschlägigen Literatur nicht vor. Untersuchungen von Lang und Markowitz[1]) zeigen, daß ein Unterschied in der Größe des Reibungskoeffizienten zwischen Luft und Wasser einerseits und Luft und Öl anderseits nicht besteht. Es ist daher die Annahme zulässig, daß der Reibungskoeffizient ψ für die im Dieselmotor verwendeten Treiböle bei ähnlicher Tröpfchenform konstant ist. Dadurch kommt der eventuelle Einfluß des Reibungskoeffizienten in Gleichung (8) durch seine Konstanz bei Vergleich verschiedener Treiböle in Wegfall und es bleibt neben w_r und γ_l als Haupteinflußgröße auf die Tropfengröße die Oberflächenspannung α.

Wir wollen nun in den folgenden Abschnitten im besonderen das Zerstäubungsproblem einerseits bei Lufteinblasung, anderseits bei reiner Druckeinspritzung und die sich daraus ergebenden Folgerungen für die Wirtschaftlichkeit der Dieselmaschine untersuchen.

II. Der Einblasevorgang bei Brennstoffdüsen mit Lufteinspritzung

(Dieselmaschinen mit Einblasekompressor)

1. Die Hauptformen der Brennstoffdüsen mit Lufteinspritzung

Kurz zusammenfassend unterscheidet man zwei große Hauptgruppen von Brennstoffdüsen:

Geschlossene Düsen (für stehende und liegende Maschinen);

Offene Düsen (hauptsächlich nur für liegende Maschinen).

Die Einteilung in diese zwei Hauptgruppen ist bedingt durch die Art der Brennstoffvorlagerung. Bei geschlossenen Düsen wird der flüssige Brennstoff in einem Raum der Düse vorgelagert, der durch die geschlossene Ventilspindel vom Zylinderraum abgeschlossen ist (daher „geschlossene Düse"). Bei offenen Düsen wird der Brennstoff in einem Raum vor der geschlossenen Ventilspindel, die daher nur die Einblaseluft vom Verbrennungsraum abschließt, vorgelagert, einem Raum also, der durch die Öffnung in der Düsenplatte mit dem Zylinderraume in Verbindung steht. Dadurch ergeben sich nicht nur für die Düsenkonstruktion selbst, sondern auch für die Art der Pumpenförderung des Brennstoffes und der konstruktiven Ausbildung der Brennstoffpumpen grundsätzliche Unterschiede. Die Brennstoffpumpe hat bei geschlossenen Düsen den Brennstoff gegen den Druck der Einblaseluft zu fördern, der je nach

---

[1]) Winkelmann, Handbuch der Physik, I, 2, S. 1396.

der Belastung und Tourenzahl zwischen 50 bis 80 Atm. liegt; sie ist daher eine Hochdruckpumpe, die bedeutende Materialbeanspruchungen zur Folge hat. Bei offenen Düsen hingegen fördert die Pumpe in der Zeit des Ansaugens der Hauptmaschine, wenn man von besonderen Konstruktionen absieht. (Die liegenden Deutzer-Maschinen mit offener Düse fördern noch während des Einspritzvorganges, um eine bessere Brennstoffverteilung über die Zeitdauer des Einspritzvorganges zu erzielen.) Der Druck im Zylinderraum während der Ansaugperiode ist ungefähr dem äußeren Atmosphärendruck gleich. Die Pumpe fördert also gegen diesen niederen Druck und ist daher konstruktiv eine einfache Niederdruckpumpe.

Die hauptsächlichen Vor- und Nachteile dieser beiden Hauptgruppen von Düsen ergeben sich teilweise schon aus den angeführten Gründen: Nachteil der geschlossenen Düsen ist die Hochdruckpumpe mit nachteiligen Begleiterscheinungen (Undichtigkeiten), Vorteil die bessere Verteilung des Brennstoffes über die Zeitdauer des Einspritzvorganges. Offenen Düsen ist eine schlechte Verteilung des Brennstoffes über die Einspritzdauer eigen, die hohe Spitzen im pv-Diagramm und damit starke Beanspruchung der Triebwerksteile hervorrufen. Hingegen bedeutet die Anwendungsmöglichkeit einer Niederdruckpumpe einen Vorteil.

Der Antrieb der Brennstoffdüsen erfolgt fast ausschließlich mittels Nocken, Hebeln und Rollen.

Die geschlossenen Düsen kann man wieder in zwei Untergruppen teilen:

Düsen mit Zerstäuberplättchen,

Düsen mit Spaltzerstäuber.

Abb. 4 zeigt eine geschlossene Brennstoffdüse mit Zerstäuberplättchen der üblichen Ausführung für eine stehende Dieselmaschine. Im Ventilgehäuse a, das im Zylinderdeckel befestigt ist, befindet sich die Nadelhülse b, an deren unterem Ende der Zerstäuberkegel c festgeschraubt ist. Ober dem Zerstäuberkegel befinden sich mittels Distanzringen d fixiert die Zerstäuberplättchen e. In der Nadelhülse bewegt sich die Ventilspindel f, die durch konischen Sitz den Düsenraum gegen den Verbrennungsraum abschließt. Am unteren Ende des Ventilgehäuses ist das Düsenplättchen g mit dem Steuerquerschnitt h mittels einer Überwurfmutter am Ventilgehäuse befestigt. Der Brennstoff wird durch die Bohrung i, die oberhalb der Zerstäuberplättchen im Düsenraum mündet, zugeführt. Ganz allgemein betrachtet, geht der Einspritzvorgang bei dieser Düse so vor sich, daß der Brennstoff vor jedem Arbeitshub der Hauptmaschine auf den Zerstäuberplättchen verteilt vorgelagert wird. Nach Öffnen des Ventils reißt die vorbeistreichende Einblaseluft den Brennstoff zerstäubend mit sich, strömt durch den Zerstäuberkegel und endlich durch den engsten Querschnitt der Düsenplatte in den Zylinderraum. Die besonderen Einrichtungen für Teeröl und Zündölbetrieb wollen wir hier außer acht lassen.

Als nächstes Beispiel einer geschlossenen Düse betrachten wir einen Spaltzerstäuber (Abb. 5), wie er in letzter Zeit von der Friedrich Krupp AG., Germaniawerft Kiel, gebaut wird. Die Abbildung und Beschreibung ist dem Sonderheft „Dieselmaschinen" des V. d. I., 1923, S. 33 und 34, entnommen, wo er als Hülsenzerstäuber bezeichnet ist: „Sein Kennzeichen ist eine Hülse a, die den Ringraum um die Brennstoff-

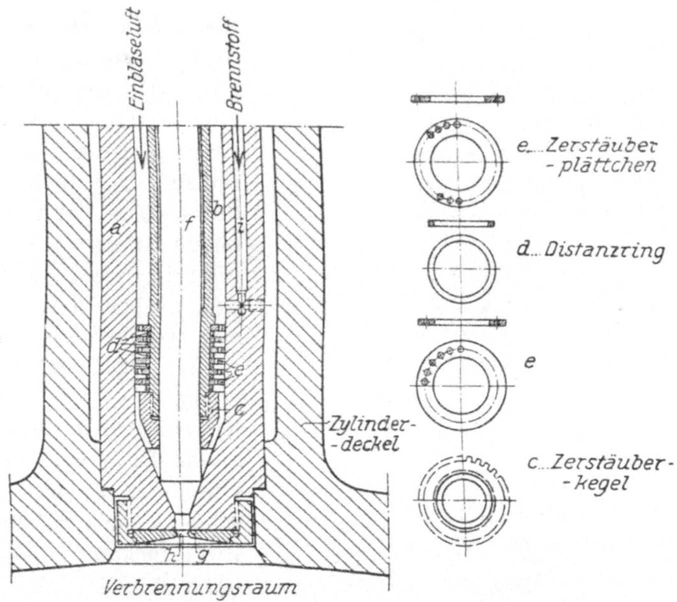

Abb. 4. Brennstoffdüse mit Zerstäuberplättchen.

nadel in zwei gleichachsige, am unteren Ende durch einen schmalen Ringspalt d miteinander kommunizierende, Ringräume c und d teilt. Der äußere Ringraum d ist oben geschlossen. An seinem unteren Ende wird durch die Bohrung e der Brennstoff zugeführt, der sich im wesentlichen im Raum d vorlagert und nur zum kleineren Teil durch den Spalt b hindurch bis in den Ringraum c vordringt. Beim Eröffnen der Nadel stößt die Luft den im Raum c vorhandenen Brennstoff vor sich her durch die Düsenplatte in den Zylinder. Der langsame Anstieg der Nockenkurve sorgt für die anfängliche Mäßigung des Luftzustroms, die für die Sicherheit der Selbstzündung vorteilhaft ist. Nachdem die Selbstzündung erfolgt ist, steigert sich durch weitere Nadelerhebung die durchströmende Luftmenge, die beim Vorbeistreichen am Ringspalt d ihre höchste

Geschwindigkeit und damit ihren niedrigsten Druck erreicht. Für den in d vorgelagerten Brennstoff ergibt sich daher ein Druckunterschied, demzufolge der Brennstoff durch den Spalt b dem Luftstrom beigemischt — auf ihn zeitlich verteilt — wird, um dann in feinste Teilchen zerrissen in den Verbrennungsraum eingespritzt zu werden. Mit der Größe der Spaltfläche b beherrscht man also die Gesetzmäßigkeit der Zuströmung des Brennstoffes zur Einblaseluft. Die Düsenplatte mit der einzigen zentralen Durchbohrung ist durch eine Zapfendüse mit einem Kranz von Bohrungen ersetzt, deren Mittellinien sich auf einen Kegelmantel mit bestimmtem Spitzenwinkel gleichmäßig verteilen."

Schließlich sei noch eine offene Düse eines liegenden Dieselmotors der Dinglerschen Maschinenfabrik AG. Zweibrücken besprochen. (Abb. 6.)

Im Ventilgehäuse a ist ein Düseneinsatz b konisch eingesetzt, in dem sich die mittels Stopfbüchse abgedichtete Ventilspindel c bewegt. Die Ventilspindel öffnet bei einer Bewegung nach links das Ventil v, durch welches dann die Einblaseluft in die Bohrung d des Ventileinsatzes und des Ventilgehäuses in die Brennstoffkammer e strömt. In der Brennstoffkammer wird der dort vorgelagerte Brennstoff durch die Einblaseluft mitgerissen, zerstäubt und gelangt durch die Öffnung der Düsenplatte f in den Zylinderraum. g ist eine Kugel, die als Rückschlag-

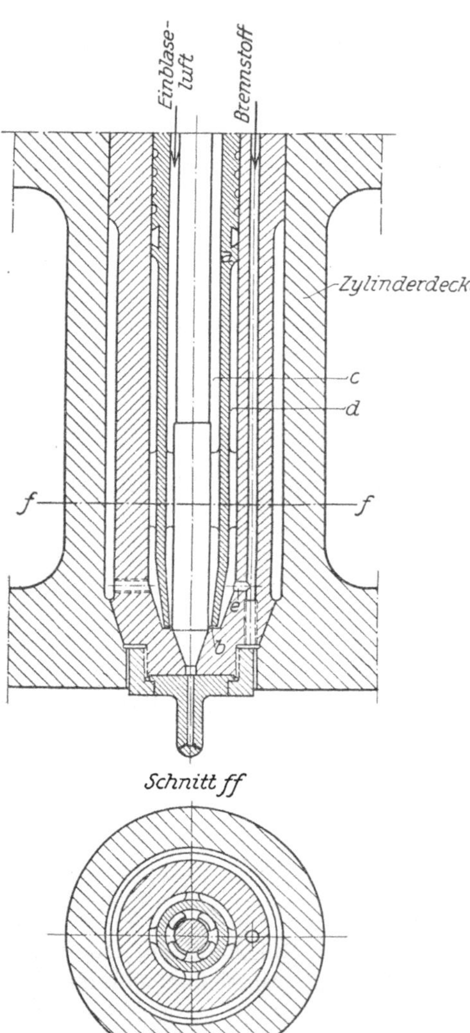

Abb. 5. Spaltzerstäuber.

ventil dient. Die weiteren Vorrichtungen für das Anlassen und Kontrollieren der Brennstofförderung wollen wir hier als nebensächlich für unsere Betrachtungen übergehen.

Diese drei Beispiele sollen uns nur eine allgemeine Vorstellung der heute verwendeten Düsen geben, erheben keinen Anspruch auf Vollständigkeit und sollen dazu dienen, in einem späteren Abschnitt den Zerstäubungsvorgang, die Güte der Zerstäubung und des Einblasens der einzelnen Düsenhauptgruppen einer vergleichenden kritischen Untersuchung zu unterziehen.

2. Der Energieumsatz in der Brennstoffdüse mit Lufteinspritzung

Die Brennstoffdüse hat die Aufgabe, den jeweils für einen Arbeitshub der Maschine notwendigen, in ihr durch die Brennstoffpumpe vorgelagerten Brennstoff mit Hilfe von Druckluft, bei gleichzeitig erfolgender Zerstäubung, zu Beginn des Arbeitshubes in den Verbrennungsraum einzuführen. Die weit über den Kompressionsenddruck des Verbrennungsraumes komprimierte Einblaseluft ist der primäre Energieträger. Ihr fällt die Aufgabe zu

1. der Zerstäubungsarbeit des Brennstoffes,
2. der Brennstoffbeschleunigungsarbeit,
3. der Reibungsarbeit an den Düsenwandungen,
4. der Verwirbelungsarbeit im Verbrennungsraum.

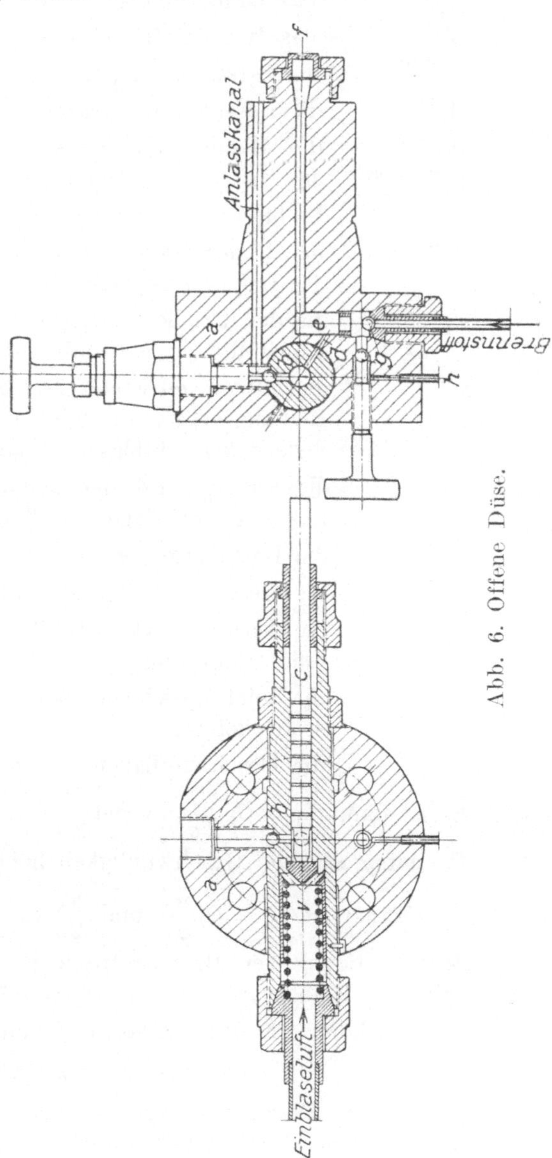

Abb. 6. Offene Düse.

Es bezeichne:

G_l^{kg} das Einblaseluftgewicht $\Big\}$ pro Arbeitshub,

G_b^{kg} das Brennstoffgewicht

A_z^{mkg} die Zerstäubungsarbeit $\Big\}$ je Gewichtseinheit des

A_b^{mkg} die Beschleunigungsarbeit   Brennstoffes,

A_ϱ^{mkg} die Wandreibungsarbeit,

p_1^{at}, P_1^{kg/m^2} den Druck der Einblaseluft unmittelbar vor Beginn des Einblasevorganges gemessen in der Düse,

p_2^{at}, P_2^{kg/m^2} den Druck im Verbrennungsraum während der Einströmzeit des Luftbrennstoffgemisches,

$w_1^{m/sec}$ die der Druckdifferenz von P_1 und P_2 entsprechende Geschwindigkeit der Einblaseluft,

$w_2^{m/sec}$ die infolge geleisteter Zerstäubungs-, Beschleunigungs- und Reibungsarbeit tatsächlich auftretende Austrittsgeschwindigkeit der Einblaseluft, gemessen an der Düsenmündung,

L_1^{mkg} die Gesamtenergie der Einblaseluft vor dem Zusammentreffen mit dem vorgelagerten Brennstoff,

L_2^{mkg} die Luftenergie, gemessen an der Düsenmündung,

$w_b^{m/sec}$ die Geschwindigkeit der Brennstoffteilchen in der Düse,

$w_{b_2}^{m/sec}$ die Geschwindigkeit der Brennstoffteilchen, gemessen an der Düsenmündung,

$w_r^{m/sec}$ die Relativgeschwindigkeit zwischen Einblaseluft und Brennstoffteilchen,

$w_l^{m/sec}$ die Geschwindigkeit der Einblaseluft in der Düse.

Es ist dann $L_1 = G_l \dfrac{w_1^2}{2\,g}$, wobei $\dfrac{w_1^2}{2\,g}$ die der Druckdifferenz von P_1 und P_2 entsprechende Geschwindigkeitshöhe der Einblaseluft darstellt.

Ferner ist $L_2 = G_l \dfrac{w_2^2}{2g}$ und $\dfrac{w_2^2}{2g}$ die nach erfolgter Zerstäubung und Beschleunigung der Brennstoffteilchen verbleibende Geschwindigkeitshöhe der Einblaseluft an der Düsenmündung.

Wir können nun die Arbeitsgleichung der Düse folgend anschreiben:

$$L_1 - A_\varrho - G_b \cdot A_b - G_b A_z - L_2 = 0.$$

Da die Reibungsarbeit, die Zerstäubungs- und Beschleunigungsarbeit von der Einblaseluft aufgebracht werden müssen, so können wir uns diese Arbeitsgrößen durch die Luftarbeit ersetzt denken und können schreiben:

$$A_\varrho = G_l \cdot \frac{w_\varrho^2}{2\,g},$$

$$G_b \cdot A_z = G_l \cdot \frac{w_z^2}{2\,g},$$

$$G_b \cdot A_b = G_l \cdot \frac{w_b'^2}{2\,g},$$

wobei $\dfrac{w_\varrho^2}{2\,g}$, $\dfrac{w_z^2}{2\,g}$ und $\dfrac{w_b'^2}{2\,g}$ die Geschwindigkeitshöhen darstellen, die von der Luft zur Überwindung der Reibungs-, Zerstaubungs- und Beschleunigungsarbeit notwendig sind.

Die Arbeitsgleichung lautet nun:

$$G_l\,\frac{w_1^2}{2\,g} = G_l\left[\frac{w_\varrho^2}{2\,g} + \frac{w_z^2}{2\,g} + \frac{w_b'^2}{2\,g} + \frac{w_z^2}{2\,g}\right].$$

Die Luft würde, wenn kein Brennstoff vorhanden wäre, nach irgend einer Expansionskurve ausströmen, die zwischen einer Adiabaten und einer Isotherme liegen wird. Eine rein adiabatische Ausströmung wird ebensowenig eintreten, wie eine rein isothermische, da die Temperaturen von außen nach dem Zylinderinnern ganz bedeutend zunehmen und daher angenommen werden kann, daß trotz der kurzen Einströmzeit eine wenn auch geringe Wärmeaufnahme durch die Einblaseluft während des Einblasevorganges erfolgt. Wir wollen der einfachen Rechnung halber eine isothermische Ausströmung annehmen. Übrigens ist der Unterschied der Luftgeschwindigkeiten zwischen isothermischer und adiabatischer Ausströmung so gering, daß wir durch unsere Annahme keinen grundlegenden Fehler machen.

Die Arbeitsgleichung

$$\frac{w_1^2}{2\,g} = \frac{w_\varrho^2}{2\,g} + \frac{w_z^2}{2\,g} + \frac{w_b'^2}{2\,g} + \frac{w_2^2}{2\,g}$$

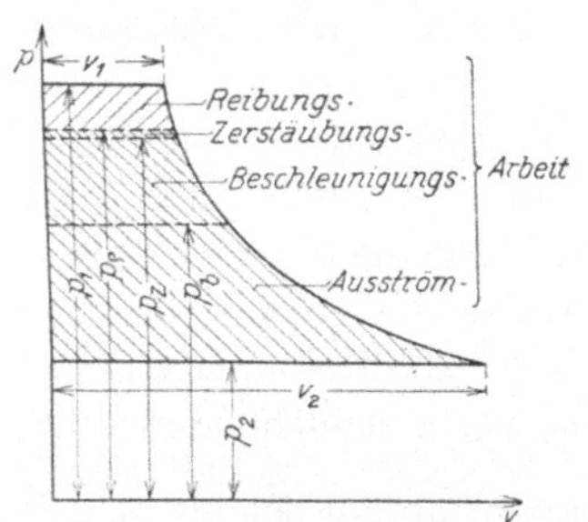

Abb. 7. Arbeitsvorgang in der Brennstoffdüse (schematisch).

können wir auch durch ein pv-Diagramm (Abb. 7) darstellen, das allerdings nicht im thermodynamischen Sinn gewertet werden darf, jedoch ein anschauliches, wenn auch nur ganz allgemein gültiges Bild vom Energieumsatz in der Düse gibt. Die Geschwindigkeitshöhen setzen wir wie folgt, unter Voraussetzung einer isothermischen Expansion, gleich:

$$\frac{w_1^2}{2\,g} = p_1 v_1 \, ln\, \frac{p_1}{p_2}$$

$$\frac{w_\varrho^2}{2\,g} = p_1 v_1 \, ln\, \frac{p_1}{p_\varrho}$$

$$\frac{w_z^2}{2\,g} = p_1\,v_1\,ln\,\frac{p_\varrho}{p_z}$$

$$\frac{w_b'^2}{2\,g} = p_1\,v_1\,ln\,\frac{p_z}{p_b}$$

$$\frac{w_2^2}{2\,g} = p_1\,v_1\,ln\,\frac{p_{b'}}{p_2}$$

3. Die Zerstäubung des Brennstoffes mittels Druckluft

Prinzipiell betrachtet, erfolgt die Zerstäubung des Brennstoffes in der Weise, daß die hochkomprimierte Einblaseluft den in der Brennstoffdüse vorgelagerten Brennstoff vermöge ihrer Eigengeschwindigkeit, die eine Relativgeschwindigkeit und damit das Auftreten einer Reibungskraft zwischen Luft und Brennstoff zur Folge hat, unter Zerstäubung beschleunigend mitreißt und in den Zylinderraum der Maschine einführt.

Wir wollen nun im Folgenden den Zerstäubungsvorgang ohne Rücksicht auf die Beschleunigung der Brennstoffteilchen betrachten und wollen die eingangs aufgestellten physikalischen Grundlagen für diesen besonderen Fall verwerten.

Stellen wir uns ein Flüssigkeitsteilchen von bestimmter Größe vor, das sich im Raume ohne Einwirkung einer äußeren Kraft befindet, so nimmt es zufolge seiner Oberflächenspannung Kugelgestalt an, was gleichbedeutend ist dem Minimum an Oberfläche für ein bestimmtes Volumen. Jede äußere Kraft bewirkt eine Veränderung der Oberfläche des Flüssigkeitsteilchens, so lange, bis sich Oberflächenspannung und äußere Kräfte das Gleichgewicht halten. Denken wir uns nun als äußere Kraft die Reibungskraft als Wirkung der mit der Relativgeschwindigkeit w_r vorbeistreichenden Luft, so wird nun, falls der Radius der Flüssigkeitskugel größer ist als der Radius $r_1 = \dfrac{2\,\alpha}{\psi} \cdot \dfrac{g}{\gamma_l} \cdot \dfrac{1}{w_r^2}$, der nach den theoretischen Untersuchungen auf S. 6 der Relativgeschwindigkeit w_r entspricht, die Flüssigkeitskugel zu einem annähernd zylindrischen Rotationskörper gedehnt werden, dessen Stirnfläche eine Halbkugel mit dem Radius r_1 ist. Die Achsenrichtung des Rotationskörpers fällt mit der Bewegungsrichtung der Luft zusammen. r_1 entspricht dem größten Radius des Rotationskörpers. Es tritt nun die Frage auf, wieweit dieser annähernd zylindrische Körper für das gegebene Flüssigkeitsvolumen eine stabile Gleichgewichtsform der Oberfläche darstellt. Physikalische Untersuchungen[1] zeigen, daß ein Flüssigkeitszylinder von kreisförmigem Querschnitt für ein konstantes Volumen, — d. i. wenn eine weitere Ver-

---

[1] Winkelmann, Handbuch der Physik, I, 2, S. 1152. Enzyklopädie d. mathemat. Wissenschaften.

größerung des Volumens durch Flüssigkeitszufuhr, wie es z. B. bei einem unter Druck austretenden Flüssigkeitsstrahl der Fall wäre, nicht erfolgt — nur so lange stabil ist, als seine Länge das π-fache des Durchmessers nicht übersteigt. Für praktische Versuche ergibt sich an Stelle π ungefähr die Zahl 4.

Erreicht der Flüssigkeitszylinder die π-fache, bzw. vierfache Länge seines Durchmessers, oder hat sich ein Flüssigkeitszylinder von noch größerer Länge gebildet, so bewirkt eine leichte Erschütterung die Entstehung von Ausbauchungen und Einschnürungen und den Zerfall in mehrere Flüssigkeitsteilchen, die, falls keine äußere Kraft mehr vorhanden ist, sofort Kugelgestalt annehmen.

Zusammenfassend stellen wir also fest: Die Zylinderoberfläche des Flüssigkeitsteilchens stellt eine labile Gleichgewichtslage dar, wenn ihre Länge das π- beziehungsweise Vierfache des Durchmessers beträgt, in der Weise, daß die kleinste Erschütterung der Oberfläche Abschnüren und Zerfallen in mehrere Flüssigkeitsteile zur Folge hat.

Ob sich in unserem speziellen Falle ein reiner Flüssigkeitszylinder oder aber eine dem Stromliniengesetze mehr oder minder gehorchende Form ergibt, die aber ebenfalls bei einer gewissen maximalen Größe der Flüssigkeitsoberfläche sich einschnüren und zerfallen muß, ist nebensächlich. Wir halten jedoch die Tatsache fest, daß bei einer gewissen maximalen Vergrößerung der Flüssigkeitsoberfläche das Flüssigkeitsteilchen sich einschnürt und zerfällt.

Wir sind auch in der Lage, die Größe der Arbeit festzustellen, die notwendig ist, um die Oberfläche der Flüssigkeitskugel auf die labile Form der Zylinderoberfläche zu vergrößern. Wir haben auf S. 1 die allgemeine Form der Arbeitsgleichung abgeleitet:

$$\varDelta A = a \,.\, \varDelta O.$$

Die Oberflächenvergrößerung ist in unserem speziellen Falle

$$\varDelta O = O_z - O_k,$$

wenn O_k die Kugeloberfläche,

O_z die Zylinderoberfläche vor der Einschnürung bedeutet. Es ist aus dem obenerwähnten leicht einzusehen, daß diese Arbeit zugleich die Zerstäubungsarbeit darstellt.

Für die folgenden weiteren Betrachtungen des Zerstäubungsvorganges idealisieren wir den Fall und nehmen jeweils als Endprodukt der Oberflächenvergrößerung durch die Reibungskraft einen Flüssigkeitszylinder an, um die Ableitung der Gleichungen zu vereinfachen. Weiters wollen wir noch folgende Vereinfachungen machen:

1. Schwingungen der Flüssigkeitsteilchen, die im Verlaufe der Zerreißungserscheinungen auftreten, seien vernachlässigt.

2. Gegenseitige Störungen der Flüssigkeitsteilchen sollen nicht auftreten.

Als einzig in Betracht kommende und hier in der Hauptsache wirksame äußere Kraft bestehe also die Reibungskraft, hervorgerufen durch die an den Flüssigkeitsteilchen vorbeistreichende Luft.

Zusammenfassend kann man sich nun den Zerstäubungsvorgang folgend denken:

Die Einblaseluft reißt von der in der Düse annähernd im Ruhezustand befindlichen vorgelagerten Flüssigkeit infolge Vorbeistreichens Flüssigkeitsteilchen mit. Da der Einblaseluft an der Stelle des Zusammentreffens mit der Flüssigkeit eine ganz bestimmte Geschwindigkeit eigen ist, werden die abgerissenen Flüssigkeitsteilchen sofort bei allseitiger Umspülung durch die Luft im größten Normalschnitt zur Luftbewegungsrichtung den annähernden Radius r_1 aufweisen, der sich aus Gleichung (8) ergibt. Ist das Volumen eines abgerissenen Flüssigkeitsteilchens so groß, daß sich unter Einwirkung der Reibungskraft ein Flüssigkeitszylinder von einer Länge bildet, die kleiner ist als das π- beziehungsweise Vierfache des Durchmessers, so wird das Flüssigkeitsteilchen als Einheit unter allen Umständen erhalten bleiben, solange nicht die Relativgeschwindigkeit zwischen Luft und Flüssigkeit größer geworden ist als im Momente des ersten Zusammentreffens und Abreißens. Ist das von der vorgelagerten Flüssigkeitsmenge abgerissene Flüssigkeitsvolumen so groß, daß sich unter der Wirkung der Reibungskraft ein Flüssigkeitszylinder von größerer Länge, als es dem π- beziehungsweise Vierfachen des Durchmessers des Zylinders entspricht, bildet, so zerfällt das Flüssigkeitsteilchen infolge von Einschnürungen in Teile von solcher Größe, die stabile Gleichgewichtskörper für den speziellen Bewegungszustand bedeuten und höchstens Flüssigkeitszylinder von der π- beziehungsweise vierfachen Länge des Durchmessers sind. Wir sehen daraus die mannigfaltige Größe der Flüssigkeitsteilchen auch bei einer ganz bestimmten Relativgeschwindigkeit und sehen zugleich, daß die Flüssigkeitsteilchen alle möglichen Größen von linsenförmiger Gestalt über Kugel- bis zur stabilen Zylindergestalt haben können, unter der Bedingung, daß der mittlere Krümmungsradius der Stirnfläche r_1 ist, der sich aus Gleichung (8) ergibt. Es wird also die Kugelgestalt mit r_1 als Radius nur einen Mittelwert der Größe der zerstäubten Flüssigkeitsteilchen darstellen können.

Die theoretische Überlegung, daß durch die Gleichung (8) nur ein Mittelwert der Größe der zerstäubten Flüssigkeitsteilchen gegeben ist, rechtfertigt im gewissen Sinne die auf S. 5 erfolgte vereinfachende Annahme des konstanten P_r der Differentialgleichung (5).

Solange die Relativgeschwindigkeit zwischen Flüssigkeitsteilchen und der Luft nicht größer wird als im Momente des Abreißens der Flüssigkeitsteilchen von der in der Düse vorgelagerten Flüssigkeit, kann, wie aus Gleichung (8) hervorgeht, eine weitere Zerstäubung nicht mehr eintreten. Es bleiben also die Volumina der einzelnen Flüssigkeitsteilchen auf jeden Fall erhalten, wenn sich die Relativgeschwindigkeit z. B. erniedrigt.

Da aus der Verkleinerung der Relativgeschwindigkeit nach Gleichung (8) eine Vergrößerung der r_1 sich ergibt, muß sich auch die Gestalt der einzelnen Flüssigkeitsteilchen ändern, und zwar werden, wie leicht einzusehen ist, die anfänglich zylindrischen Flüssigkeitsteilchen linsenförmige, beziehungsweise pilzförmige Gestalt annehmen, wobei die Achsenrichtung mit der Bewegungsrichtung zusammenfällt.

Wir wollen nun im folgenden an eine zahlenmäßige Auswertung der Gleichung (8) schreiten und wollen die Größe der Zerstäubungsarbeit feststellen.

Gleichung (8) lautet:

$$r_1 = \frac{2\,\alpha}{\psi} \cdot \frac{g}{\gamma_l} \cdot \frac{1}{w_r^2}$$

Für α, ψ, γ_l wollen wir folgende Zahlenwerte festsetzen:

$$\alpha = 0{,}003 \ kg/m.$$

Messungen der Oberflächenspannung von Treibölen sind, wie schon früher erwähnt, bisher noch nicht gemacht worden. Messungen der Oberflächenspannung nach Winkelmann, Handbuch der Physik I, 2, S. 1168 ergaben für

a) russisches Petroleum ($\gamma_b = 822$) bei 18⁰ C ein

$$a = 3{,}11 \ mg/mm = 0{,}00311 \ kg/m,$$

b) amerikanisches Petroleum ($\gamma_b = 756$) bei 18⁰ C ein

$$a = 3{,}0 \ mg/mm = 0{,}003 \ kg/m,$$

so daß der angenommene Wert von $a = 0{,}003$ als annehmbarer Mittelwert gelten kann.

$\psi = 0{,}04$: Die Größe des Reibungskoeffizienten wurde, da zahlenmäßige Versuche der Reibung zwischen Luft und Öl fehlen, durch Vergleich des Reibungskoeffizienten angenommen, der sich zwischen festen Körpern (Ballonmodelle) von ähnlicher Form und Luft ergibt. (Schüle, Thermodynamik I, S. 382.)

$$g = 9{,}81 \ m/sec^2.$$

$\dfrac{1}{\gamma_l} = 0{,}027 \ m^3/kg$ entspricht $t = 50^0$ C — einer Temperatur, welche nach der heutigen Anschauung über die Einströmtemperatur der Einblaseluft in den Verbrennungsraum angenommen wurde und einem Druck von 35 Atm., entsprechend einem Endkompressions- und Verbrennungsdruck von 35 Atm., wenn wir uns den Verbrennungsvorgang in einem idealen Gleichdruckdiagramm veranschaulicht denken.

Es ergibt sich so aus der allgemeinen Zustandsgleichung $\dfrac{1}{\gamma_l}$:

$$P \cdot v_l = \frac{P}{\gamma_l} = RT : \frac{1}{\gamma_l} = \frac{RT}{P} = \frac{29{,}27 \cdot 323}{350000} = 0{,}027 \; m^3/kg.$$

Diese angenommenen Zahlenwerte eingesetzt, erhalten wir folgende Gleichung für r_1:

$$r_1 = \frac{2 \cdot 0{,}003}{0{,}04} \cdot 9{,}81 \cdot 0{,}027 \cdot \frac{1}{w_r^2} = 0{,}0397 \; \frac{1}{w_r^2}$$

Dabei ist r_1 in m,

$\qquad w_1$ in m/sec ausgedrückt.

Für r_1 in Millimeter erhalten wir:

$$r_1^{mm} = 39{,}7 \; \frac{1}{w_r^2}.$$

In der Tabelle 1 findet sich diese Gleichung für eine Relativgeschwindigkeit bis 300 m/sec ausgerechnet.

Zur Berechnung der Größe der Zerstäubungsarbeit wollen wir von der auf S. 15 aufgestellten Gleichung ausgehen:

$$a \cdot \varDelta\, O = a\,(O_z - O_k) = \varDelta\, A = \text{Zerstäubungsarbeit.}$$

Der Brennstoff ist vor der Zerstäubung in der Düse vorgelagert und wird — denken wir uns einen Plättchenzerstäuber — je nach seiner Verteilung auf die einzelnen Zerstäuberplättchen eine bestimmte Oberfläche bereits aufweisen. Nehmen wir für unsere Berechnung diese erste Oberfläche als Kugeloberfläche an, so rechnen wir die Zerstäubungsarbeit, da die Kugeloberfläche ein Minimum für ein gegebenes Volumen darstellt, die Flüssigkeit in der Düse jedoch eine größere Oberfläche aufweisen wird, keinesfalls zu niedrig.

Unmittelbar nach der Zerstäubung hat jedes Flüssigkeitsteilchen normal zur Bewegungsrichtung einen Durchmesser 2 r_1 und in der Bewegungsrichtung im allgemeinen zylindrische Gestalt. Die Summe der Oberfläche sämtlicher zerstäubter Flüssigkeitsteilchen ist durch die Oberfläche eines gedachten Flüssigkeitszylinders vom Durchmesser 2 r_1 und von einer Länge l gegeben, die sich, unter der Bedingung konstanten Volumens für die Flüssigkeitskugel als Ausgangsoberfläche der Oberflächenvergrößerung, für den gedachten Flüssigkeitszylinder ergibt.

Es bezeichne

$\gamma_b^{\,kg/m^3}$ das spezifische Brennstoffgewicht,

$O_k^{m^2}$ die Kugeloberfläche als Ausgangsoberfläche $\Big\}$ der Ober-

$O_z^{m^2}$ die Zylinderoberfläche als Endprodukt $\Big\}$ flächen-vergrößerung,

l^m die Länge des idealen Flüssigkeitszylinders,

r_1^m den Radius des Flüssigkeitszylinders, der sich nach Gleichung (8) ergibt,

so ist unter der obigen Annahme

$$G_b = \frac{4}{3} r^3 . \pi . \gamma_b ,$$

wenn r^m den Kugelradius darstellt.

Es ist $\qquad O_k = 4 r^2 \pi = 4 \pi \left(\frac{3}{4} \frac{1}{\pi . \gamma_b} \right)^{\frac{2}{3}} . G_b^{\frac{2}{3}}$

ferner ist: $\qquad O_z = 2 r_1 \pi . l + 4 r_1^2 \pi = 2 r_1^2 \pi \left(\frac{l}{r_1} + 2 \right) .$

Da jedoch $G_b = \frac{4}{3} r^3 \pi . \gamma_b = r_1^2 \pi . l . \gamma_b$ (unter Vernachlässigung der halbkugeligen Teilvolumina an den Enden),
erhalten wir daraus

$$\frac{4}{3} r^3 = r_1^2 . l .$$

Daher ist

$$O_z = 2 r_1^2 \pi \left(\frac{4}{3} . \frac{r^3}{r_1^3} + 2 \right) = 2 r_1^2 \pi \left(\frac{G_b}{\pi . \gamma_b} . \frac{1}{r_1^3} + 2 \right)$$

$$= \frac{2}{r_1} . \frac{G_b}{\gamma_b} + 4 r_1^2 \pi .$$

Wir erhalten schließlich:

$$\Delta O = O_z - O_k = \frac{2}{r_1} . \frac{G_b}{\gamma_b} + 4 r_1^2 \pi - 4 r^2 \pi .$$

Wie man sich leicht überzeugen kann, ist der zweite und dritte Ausdruck auf der rechten Seite der Gleichung gegenüber dem ersten Ausdruck $\frac{2}{r_1} . \frac{G_b}{\gamma_b}$ verschwindend klein, wenn wir Zahlenwerte wählen, die den prak-tischen Verhältnissen an der Maschine entsprechen.

Unter der Annahme

$$G_b = 0{,}001 \ kg$$
$$\gamma_b = 900 \ kg/m^3$$
$$r_1 = 0{,}00001 \ m = 0{,}01 \ mm \ \text{erhalten wir für}$$

$$\Delta O = \frac{2}{r_1} . \frac{G_b}{\gamma_b} + 4 r_1^2 \pi - 4 r^2 \pi = 0{,}222 + 0{,}00000000126 - 0{,}00052 .$$

2*

Das zweite und dritte Glied zusammen ergeben also 0·051 v. H. des ersten Gliedes, das die Mantelfläche des ideellen Flüssigkeitszylinders darstellt, und dürfen daher, ohne ungenau zu werden, vernachlässigt werden.

Es ist daher genügend genau, wenn wir schreiben:

$$\Delta O = O_z = \frac{2}{r_1} \cdot \frac{G_b}{\gamma_b} \qquad \text{und}$$

$$\Delta A = G_b \cdot A_z = a \cdot O_z = a \frac{2}{r_1} \cdot \frac{G_b}{\gamma_b}.$$

Für die zahlenmäßige Auswertung wollen wir annehmen:

$G_b = 0{\cdot}001 \; kg,$

$\gamma_b = 900 \; kg/m^3$, als Mittelwert des spezifischen Gewichtes von Treibölen, die im Dieselmotor zur Verbrennung gelangen.

Wir erhalten:

$$\Delta O^{m^2} = O_z^{m^2} = \frac{2}{r_1} \cdot \frac{0{,}001}{900} = 2{,}22 \cdot 10^{-6} \frac{1}{r_1^m} = 2{,}22 \cdot 10^{-3} \frac{1}{r_1^{mm}}.$$

Es ist jedoch $r_1^{mm} = 39{,}7 \dfrac{1}{w_r^2}$; setzen wir diesen Wert von r_1 in die Gleichung für ΔO ein, so erhalten wir:

$$\Delta O = 2{,}22 \cdot 10^{-3} \frac{1}{39{,}7} \cdot w_r^2 = 0{,}56 \cdot 10^{-4} \cdot w_r^2.$$

Die Zerstäubungsarbeit $a \cdot \Delta O$ ergibt sich mit

$$a \cdot \Delta O = 0{,}001 \cdot A_z = 1{,}68 \cdot 10^{-7} \cdot w_r^2 \; mkg/1\,g \; \text{Öl}.$$

In der Tabelle 1 finden sich die Werte von ΔO und $a \cdot \Delta O$ der Zerstäubungsarbeit für eine Relativgeschwindigkeit bis 300 $m/$sec ausgerechnet.

Schließlich wollen wir noch die Anzahl n der zerstäubten Flüssigkeitsteilchen in Abhängigkeit von w_r und damit vom Zerstäubungsgrad und die Summe der zur Bewegungsrichtung normalen Querschnitte $(n\,F)$, die der Berechnung der Reibungskraft zugrunde gelegt wurden, ebenfalls in Abhängigkeit von w_r darstellen.

Nehmen wir als Mittelwert der Größe der einzelnen Flüssigkeitsteilchen Flüssigkeitszylinder von der stabilen Form der praktisch vierfachen Länge des Durchmessers an und berücksichtigen wir die nach dem Stromliniengesetz sich mit großer Wahrscheinlichkeit verjüngende Form des Flüssigkeitsteilchens in der Weise, daß wir sie durch einen reinen Flüssigkeitszylinder mit ebenen Grundflächen von der π-fachen Länge des Durchmessers ersetzt denken, so erhalten wir:

$$G_b = n \cdot r_1^2 \pi \cdot 2\,r_1 \pi \cdot \gamma_b,$$

wenn n die Anzahl der Flüssigkeitsteilchen bedeutet.

Oder:
$$G_b = 2\,n\,r_1^3\,\pi^2 \cdot \gamma_b.$$

Daraus ist:

$$n = \frac{G_b}{2\,r_1^3 \cdot \pi^2 \cdot \gamma_b} = \frac{0{,}001}{2 \cdot \pi^2 \cdot 900} \cdot \frac{1}{r_1^3}\,\frac{m}{} = 56{,}3\,\frac{1}{r_1^3}\,\frac{1}{mm}.$$

Der Querschnitt eines Flüssigkeitsteilchens ist $F = r_1^2\,\pi$. n- Flüssigkeitsteilchen haben einen Gesamtquerschnitt

$$n\,F^{m^2} = \frac{G_b}{2 \cdot \pi^2 \cdot \gamma_b} \cdot \frac{1}{r_1^3} \cdot r_1^2\,\pi = \frac{G_b}{2\,\pi\,\gamma_b} \cdot \frac{1}{r_1}.$$

Setzen wir r_1 in mm ein, so erhalten wir

$$n\,F^{m^2} = \frac{G_b}{2\,\pi \cdot \gamma_b} \cdot \frac{1}{r_1^{mm}} \cdot 10^3.$$

Es ist $r_1{}^{mm} = 39{,}7 \cdot \dfrac{1}{w_r^2}$. Mit denselben Zahlenwerten wie vorhin erhalten wir:

$$n\,F^{m^2} = \frac{G_b}{2\,\pi\,\gamma_b} \cdot \frac{1}{39{,}7} \cdot w_r^2 \cdot 10^3 = 0{,}445 \cdot w_r^2 \cdot 10^{-5}.$$

In der Tabelle 1 finden sich die Zahlenwerte für $(n\,F)$ ausgerechnet.

Tabelle 1

$w_r^{m/sec}$	20	60	100	140	180	220	260	300
w_r^2	400	3600	10000	19600	32400	48400	67600	90000
r_1^{mm}	0,0993	0,011	0,004	0,002	0,00123	0,00082	0,000588	0,00044
$O_z^{m^2}$	0,0244	0,2015	0,56	1,098	1,814	2,71	3,785	5,04
$\alpha\,O_z^{mkg}$	0,000067	0,00060	0,00168	0,00329	0,00544	0,00813	0,01195	0,01512
$n\,F^{m^2}$	0,00178	0,016	0,0445	0,0874	0,1442	0,2155	0,3015	0,401

In Abb. 8 sind die Werte der Tabelle 1 in anschaulicher Diagrammform in Abhängigkeit von w_r dargestellt und bedürfen wohl keiner weiteren Erklärung.

Die Reibungskraft, die infolge der Relativgeschwindigkeit zwischen Einblaseluft und Brennstoffteilchen besteht, führt nicht nur die Zerstäubung des Brennstoffes herbei, sondern beschleunigt auch als einzig auftretende äußere Kraft die Brennstoffteilchen.

Die Beschleunigung der Brennstoffteilchen in der Düse durch die Reibungskraft hat einerseits ein absolutes Steigen der Geschwindigkeit der Brennstoffteilchen, andererseits ein absolutes Sinken der Luftgeschwindigkeit zur Folge, da ja die Beschleunigungsarbeit der Brennstoffteilchen von der der Einblaseluft innewohnenden Bewegungsenergie bestritten wird. Infolgedessen verkleinert sich die Relativgeschwindigkeit zwischen Brennstoffteilchen und Luft immer mehr.

Der Schluß, den wir daraus ziehen können ist, unter Beachtung der Gleichung (8) und der daraus resultierenden Schlüsse (S. 6), daß ein bestimmter Zerstäubungsgrad, eine bestimmte Brennstofftropfengröße, sich sofort beim ersten Zusammentreffen von Einblaseluft und Brennstoff ergibt und daß im folgenden der Brennstoff nur beschleunigt wird. Es ist natürlich wahrscheinlich, daß sich im Verlaufe des Beschleunigungsvorganges einzelne Brennstoffteilchen, die infolge ihrer Lage von der Luft anfangs nicht allseitig umströmt waren, weiterzerteilen, bis zu einer bestimmten Grenze. Der Hauptteil des Brennstoffes jedoch wird sofort zerteilt. Ein allerdings nur im weitläufigen Sinn vergleichbares, jedoch recht anschauliches Beispiel bildet eine Last Q auf horizontaler Unterlage, an die zwecks Fortbewegung eine Kraft P angreift unter Zwischenschaltung eines elastischen Zwischenelementes (z. B.: Gummiband). Im Augenblicke der beginnenden Kraftwirkung P wird das elastische Band so lange gedehnt, bis seine inneren Kräfte mit P im Gleichgewicht stehen, dann erst wird die Last Q in Bewegung versetzt, d. i. beschleunigt werden können.

Die Annahme, daß die Beschleunigung des Brennstoffes durch die Einblaseluft erst nach erfolgter Zerstäubung des Brennstoffes erfolgt, wird auch noch erhärtet durch den Vergleich der Zerstäubungsarbeit

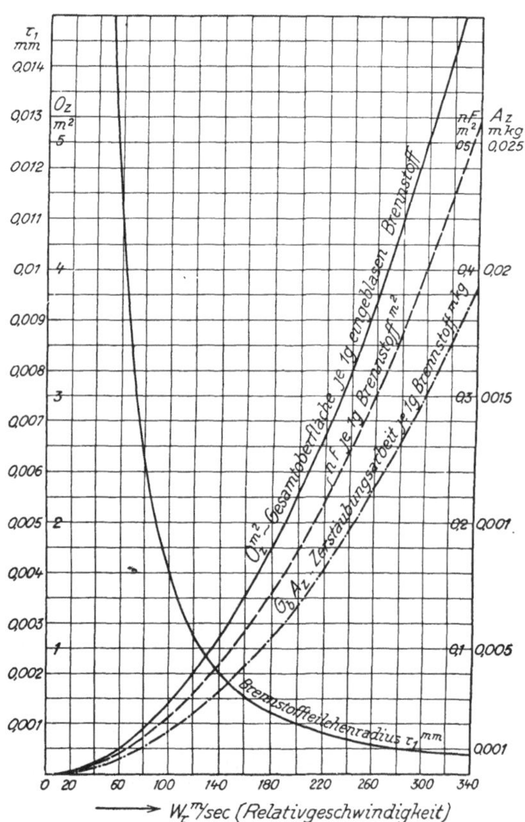

Abb. 8. Abhängigkeit der Tröpfchengröße und Zerstäubungsarbeit von w_r.

mit der gesamten vorhandenen Einblaseluftenergie und mit der Beschleunigungsarbeit der Brennstoffteilchen.

Wir haben in Tabelle 1 und Abb. 8 die Größe der Zerstäubungsarbeit mit veränderlichem w_r ausgerechnet, beziehungsweise in Form einer Kurve aufgetragen, unter der Annahme, das zur Zerstäubung kommende Brennstoffgewicht sei $G_b = 0\cdot001\ kg = 1\ g$. Für ein $w_r = 200\ m/\mathrm{sec}$ erhalten wir eine Zerstäubungsarbeit $a\ \varDelta\ O = 0\cdot00672\ mkg$, wobei die Brennstoffteilchen einen Durchmesser von $\sim 0\cdot002\ mm$ (Abb. 8) haben werden.

Das Einblaseluftgewicht G_l sei nach praktischen Gesichtspunkten gewählt mit $G_l = 0{,}001\ kg = 1\ g$.

Die Einblaseluftenergie die einem $w_r = 200\ m/\mathrm{sec}$ und $G_l = 0\cdot001\ kg$ entspricht, ist

$$L_1 = 0{,}001\ \frac{40000}{2\,g} = 2{,}02\ mkg.$$

Es beträgt also die Zerstäubungsarbeit $\sim 0\cdot33$ v. H. der gesamten Lufteinströmarbeit.

Die Relativgeschwindigkeit zwischen Brennstoff und Einblaseluft wird theoretisch erst in der Unendlichkeit verschwinden; nehmen wir daher an der Düsenmündung eine Brennstoffgeschwindigkeit $w_b = = 100\ m/\mathrm{sec}$ an, so ist die aufzubringende Beschleunigungsarbeit

$$G_b\,.\,A_b = G_b\ \frac{w_b^2}{2\,g} = \frac{0{,}001\,.\,10000}{2\,g} = 0{,}51\ mkg.$$

Es ist daher die Zerstäubungsarbeit zirka 1,3 v. H. der Beschleunigungsarbeit.

Wir können also zusammenfassend sagen:

Die äußeren Kräfte, die in unserem Falle die Reibungskräfte sind, wirken erst dann beschleunigend, wenn sie mit den inneren Kräften der Flüssigkeitsteilchen, der Oberflächenspannung, im Gleichgewicht stehen; es müssen sich also die Flüssigkeitsteilchen zerstäuben und können dann erst beschleunigt werden.

Das Zerstäuben der Flüssigkeitsteilchen ist natürlich auch an eine Weglänge gebunden und es haben die Flüssigkeitsteilchen am Ende der Zerstäubung bereits ein bestimmtes w_b. Doch da die angreifende Kraft für Zerstäubung und Beschleunigung dieselbe ist, die aufgewendeten Arbeiten jedoch in solchem Verhältnis stehen, daß die Zerstäubungsarbeit ungefähr im Mittel erst 1 v. H. der Beschleunigungsarbeit ausmacht, so muß die Zeit der Zerstäubung gegenüber der Zeit für die Beschleunigung sehr klein sein, so daß uns die Annahme gestattet ist, die Beschleunigung trete erst nach erfolgter Zerstäubung ein.

Die Zerstäubung des Brennstoffes geht also im ersten Augenblicke des Einwirkens der Einblaseluft vor sich. Die Zerstäubungsarbeit ist so gering, daß eine nennenswerte Geschwindigkeitsverminderung der Einblaseluft nicht eintreten kann. Die Brennstoffteilchen erfahren bei der Zerstäubung selbst keine nennenswerte Beschleunigung.

Wir können daher die Anfangsgeschwindigkeit der Luft (siehe S. 12) zugleich als auftretende Relativgeschwindigkeit während des Zerstäubungsvorganges zwischen Brennstoffteilchen und Luft und bei Beginn des Beschleunigungsvorganges ansehen.

Die Gleichung (8) nimmt dadurch die Form an

$$r_1 = \frac{2\,a}{\psi} \cdot \frac{g}{\gamma_l} \cdot \frac{1}{w_1^2}.$$

Wir sehen aus dieser Gleichung unmittelbar den Einfluß der Luftanfangsgeschwindigkeit und damit des Einblasedruckes auf die Güte der Zerstäubung.

Wir sehen allerdings nur den Einfluß des Einblasedruckes auf die Güte der Zerstäubung und nicht den Einfluß des zur Verfügung stehenden Einblaseluftgewichtes. Es ist dies eine Folge der Vernachlässigung der Zerstäubungsarbeit. Daß natürlich auch das zur Verfügung stehende Luftgewicht neben dem Einblaseüberdruck auf die Zerstäubung von Einfluß ist, ist aus dem oben Gesagten schon ersichtlich.

Wir können die Zerstäubungsarbeit $G_b\,A_z$ anschreiben mit

$$G_b\,A_z = G_l\frac{w_z^2}{2\,g} \qquad\qquad \text{(siehe S. 13)}.$$

Die Anfangsenergie der Luft ist gegeben durch $G_l\dfrac{w_1^2}{2\,g}$. Die nach vollbrachter Zerstäubung übrigbleibende Luftenergie ist

$$G_l\frac{w_1^2}{2\,g} - G_b \cdot A_z = G_l\frac{w_1^2 - w_z^2}{2\,g} = G_l\frac{w_l^2}{2\,g}.$$

Aus der Gleichung $G_b\,A_z = G_l\dfrac{w_z^2}{2\,g}$ sehen wir die gegenseitige Abhängigkeit des G_l und w_z bei konstanter Zerstäubungsgüte.

Nehmen wir als weitere Rechnungsgrundlage wie im Beispiel auf S. 23 an, es sei $G_b = 0 \cdot 001\ kg$, $w_1 = 200\ m/\text{sec}$, so erhalten wir eine Zerstäubungsarbeit $G_b\,A_z = 0,00672\ mkg$. Der Durchmesser der Brennstoffteilchen beträgt nach Abb. 8 zirka $0 \cdot 002\ mm$.

Es ist also $G_l\dfrac{w_z^2}{2\,g} = 0 \cdot 00672\ mkg$.

In Tabelle 2 ist die Einblaseluftgesamtenergie L_1 mit der Änderung des Einblaseluftgewichtes ausgerechnet. Aus der nach der Zerstäubung übrigbleibenden Einblaseluftenergie nach der Gleichung

$$G_l \frac{w_1^2}{2g} - G_b A_z = G_l \frac{w_1^2 - w_z^2}{2g} = G_l \frac{w_l^2}{2g}$$

ist in der Tabelle 2 auch w_l, die nach der Zerstäubung bestehende Luftgeschwindigkeit, gerechnet. Schließlich ist die Zerstäubungsarbeit in

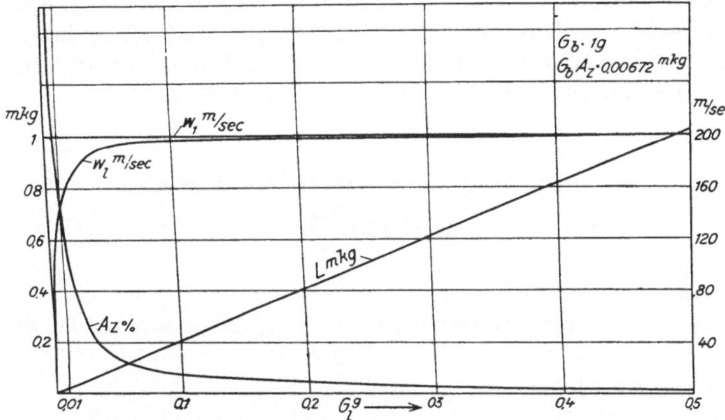

Abb. 9. Abhängigkeit der Zerstäubungsarbeit vom Einblaseluftgewicht
bei konstantem Einblasedruck.

v. H. der Einblaseluftgesamtenergie eingetragen. In Abb. 9 ist Tabelle 2
graphisch ausgewertet.

Tabelle 2

$G_b^{\,g}$	1							
$G_l^{\,g}$	2	1	0,5	0,1	0,05	0,01	0,005	0,001
G_b/G_l	0,5	1	2	10	20	100	200	1000
$L_1^{\,mkg}$	4,08	2,04	1,02	0,204	0,102	0,0204	0,0102	0,00204
$G_b A_z^{\,mkg}$	0,00672							
$G_b A_z\,^0_0$ v. L_1	0,165	0,37	0,658	3,7	6,58	37	65,8	—
$w_1^{\,m/sec}$	200							
$w_l^{\,m/sec}$	200	200	199,3	196,3	193,2	158,6	117	—

Wir sehen aus dem Beispiel: so lange G_l im Verhältnis zu G_b in den
normalen Betriebsgrenzen $\left(\dfrac{G_b}{G_l} \sim 1\right)$ liegt, ist kein nennenswerter Einfluß
des G_l auf die Zerstäubung zu sehen. Wird G_l bei konstantem G_b jedoch sehr

klein, so vermindert sich die Luftgeschwindigkeit $=$ Relativgeschwindigkeit durch die geleistete Zerstäubungsarbeit so sehr, daß nun die Zerstäubungsarbeit bis zum gleichen Zerstäubungsgrad nicht aufgebracht werden kann. Es wird sich schon früher ein stabiler Gleichgewichtszustand zwischen Oberflächenspannung und Reibungskraft einstellen. Mit anderen Worten, wir erhalten eine schlechtere Zerstäubung, wenn wir nicht mit der Verkleinerung des G_l den Einblasedruck entsprechend erhöhen. Die schlechtere Zerstäubung der von Luft nicht allseitig umströmten Brennstoffteilchen findet so ihre Erklärung.

4. Der Düsenmündungsquerschnitt als Funktion von w_2, w_{b_2} und $\dfrac{G_b}{G_l}$

Der freie Querschnitt im Düsenplättchen stellt für den größten Teil der Ventileröffnung und damit der Einströmzeit den maßgebenden Steuerquerschnitt bei den heute gebräuchlichen Brennstoffdüsen (Plättchenzerstäuber, offene Düse) dar.

Durch ihn strömt der Brennstoff und die Einblaseluft. Die zerstäubten Brennstoffteilchen werden durch die infolge der Relativgeschwindigkeit auftretende Reibungsarbeit der Einblaseluft beschleunigt. Wie leicht einzusehen ist, kann theoretisch die Relativgeschwindigkeit erst in der Unendlichkeit verschwinden.

Es werden also im allgemeinen je nach Größe des Beschleunigungsvorganges Brennstoffgeschwindigkeit und Einblaseluftgeschwindigkeit an der Düsenmündung mehr oder minder verschieden sein. Nur bei entsprechender Länge des Beschleunigungsweges können wir, wie im nachfolgenden Abschnitt gezeigt werden wird, in praktischer Annäherung Brennstoff- und Einblaseluftgeschwindigkeit an der Düsenmündung gleichsetzen.

Je nach der verhältnismäßigen Größe der Brennstoff- und Einblaseluftgeschwindigkeit wird der freie Querschnitt der Düsenmündung teilweise von Luft, zum Teil von Brennstoff durchströmt sein.

Es bezeichne:

f^{m^2} den Steuerquerschnitt in der Düsenplatte,

$f_l^{m^2}$ den von der Luft erfüllten Teil des Gesamtquerschnittes,

$f_b^{m^2}$ den von den Brennstoffteilchen erfüllten Teil des Gesamtquerschnittes,

$\gamma'_l{}^{kg/m^3}$ das spezifische Gewicht der Luft,

$\gamma_b{}^{kg/m^3}$ das spezifische Gewicht des Brennstoffes,

$G_l{}^{kg}$ das Luftgewicht,

$G_b \, {}^{kg}$ das Brennstoffgewicht,

$t \, {}^{sec}$ die Eröffnungszeit des Ventils,

$w_2 \, {}^{m/sec}$ Austrittsgeschwindigkeit der Luft aus der Düse,

$w_{b_2} \, {}^{m/sec}$ die Austrittsgeschwindigkeit der Brennstoffteilchen aus der Düse.

Wir stellen uns nun eine ideale Düse von folgender Beschaffenheit vor:

1. Der Steuerquerschnitt bleibe über die Ventileröffnungszeit konstant.

2. Reibungsverluste seien verschwindend klein.

3. Der Ausflußkoeffizient sei gleich 1.

4. Das Verhältnis $\dfrac{\text{Brennstoffgewicht}}{\text{Einblaseluftgewicht}}$ im Zeitelement sei während des Einblasevorganges konstant. Wir können dann folgende Gleichungen aufstellen:

$$G_l = f_l \cdot w_2 \cdot \gamma_l \cdot t \tag{9}$$

$$G_b = f_b \cdot w_{b_2} \cdot \gamma_b \cdot t \tag{10}$$

$$f = f_l + f_b \tag{11}$$

Gleichung (10) durch Gleichung (9) dividiert ergibt:

$$\frac{G_b}{G_l} = \frac{f_b}{f_l} \cdot \frac{w_{b_2}}{w_l} \cdot \frac{\gamma_b}{\gamma_l} \tag{12}$$

Das Verhältnis $\dfrac{\text{Brennstoffgewicht}}{\text{Einblaseluftgewicht}} = \dfrac{G_b}{G_l}$ liegt bei Dieselmaschinen normaler Bauart, wie Untersuchungen zeigen, für Vollast je nach der Tourenzahl, nach Wahl des Düsenplättchendurchmessers und der Höhe des Einblasedruckes in den Grenzen zwischen 1,25 bis 0,7. Für kleine Belastungen (Halblast, Leerlauf) wird das Verhältnis bei Nichtregelung der Einblaseluft bedeutend kleiner.

Das Verhältnis $\dfrac{\text{Brennstoffgeschwindigkeit}}{\text{Luftaustrittsgeschwindigkeit}} = \dfrac{w_{b_2}}{w_2}$ an der Düsenmündung ist, wie früher erwähnt, von der Länge des Beschleunigungsweges maßgebend, auf welchem die Brennstoffteilchen von der relativ schneller streichenden Luft beschleunigt werden.

Das Verhältnis $\dfrac{\gamma_b}{\gamma_l}$ ist für einen konstanten Endkompressions- und Verbrennungsdruck, wie wir ihn in unserem Falle annehmen wollen, konstant.

Aus Gleichung (11) folgt:

$$f_b = f - f_l ; \qquad \text{daher ist } \frac{f_b}{f_l} \cdot f_l + f_l = f$$

und schließlich
$$f_l = \frac{f}{1 + \dfrac{f_b}{f_l}}.$$

Setzt man $f = 100$, so erhält man $f_l = \dfrac{100}{1 + \dfrac{f_b}{f_l}}$ in v. H. des Gesamt-

querschnittes.

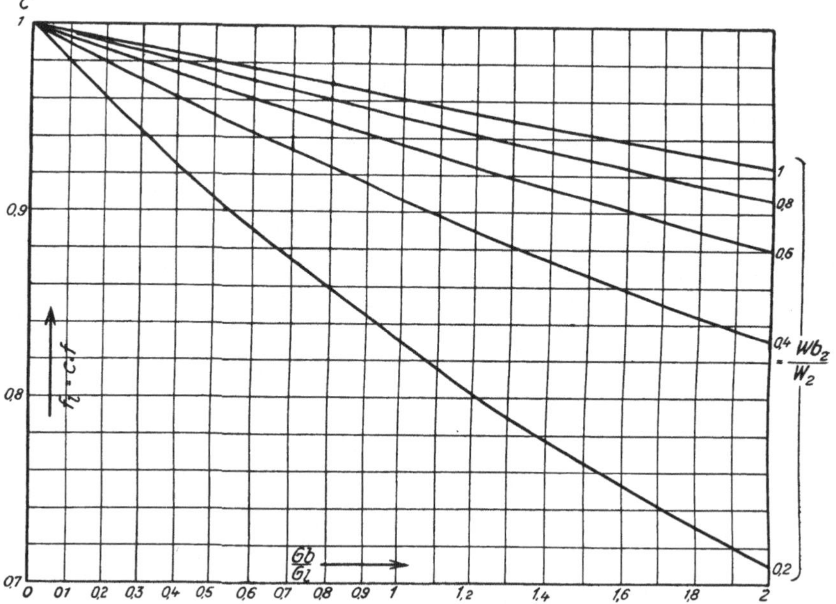

Abb. 10. Änderung des Einblaseluftquerschnittes f_l im Düsenplättchenquerschnitt mit der Änderung von $\dfrac{w_{b_2}}{w_2}$ und $\dfrac{G_b}{G_l}$.

Diese Gleichung ist in Tabelle 3 zahlenmäßig ausgewertet, wobei
für γ_b und γ_l die bereits auf S. 17 benützten Werte verwendet wurden:

$$\gamma_b = 900 \; kg/m^3 \quad \text{und} \quad \gamma_l = \frac{1}{0{,}027} \; kg/m^3.$$

Es ergibt sich daher:

$$\frac{\gamma_b}{\gamma_l} = 900 \cdot 0{,}027 = 24{,}3.$$

Setzen wir z. B. $\dfrac{G_b}{G_l} = 1$, $\dfrac{w_{b_2}}{w_2} = 0{,}8$, so wird

$$\frac{f_b}{f_l} = \frac{1}{0,8 \cdot 24,3} = 0,0515 \qquad \text{und}$$

$$f_l = \frac{100}{1,0515} = 95 \text{ v. H.}$$

Es nimmt also bei diesen angenommenen Verhältnissen 95 v. H. des Düsenquerschnittes die Luft ein, während 5 v. H. die Brennstoffteilchen durchströmen.

In Abb. 10 wurden nach der Tabelle 3 die Luftquerschnitte als Kurven konstanten $\frac{w_{b_2}}{w_2}$ über $\frac{G_b}{G_l}$ aufgetragen. Eine Erklärung der Kurven erscheint nicht nötig.

Tabelle 3

$\frac{w_{b_2}}{w_2} \longrightarrow$	1	0,8	0,6	0,4	0,2	$\frac{G_b}{G_l} \downarrow$
	0,99	0,988	0,983	0,975	0,951	0,25
	0,98	0,975	0,967	0,951	0,907	0,5
	0,97	0,963	0,951	0,93	0,867	0,75
$c =$	0,96	0,951	0,936	0,907	0,83	1,0
$(f_l = c \cdot f)$	0,951	0,94	0,92	0,886	0,795	1,25
	0,942	0,928	0,907	0,867	0,765	1,5
	0,933	0,917	0,893	0,847	0,735	1,75
	0,924	0,907	0.88	0,83	0,71	2,0

5. Die Beschleunigung der zerstäubten Brennstoffteilchen in der idealen Düse durch die Einblaseluft

Für die Ermittlung der Beschleunigungsarbeit und des allgemeinen Geschwindigkeitszustandes zwischen Einblaseluft und Brennstoff kann die Reibungskraft in derselben Form angeschrieben werden wie für die Zerstäubungsarbeit. Es ist ja die gleiche Kraft, die nur anfänglich, weil zwischen Oberflächenspannung und Reibungskraft infolge der größeren Reibungskraft kein Gleichgewicht herrscht, die Oberfläche so lange durch die Zerstäubung vergrößert, bis zwischen Reibungskraft und Oberflächenspannung das Gleichgewicht hergestellt ist.

Wir können nun zur Ermittlung der durch die Reibungskraft entstehenden Brennstoffgeschwindigkeit die Gleichung aufstellen mit

$$\frac{G_b}{g} \cdot w_b \cdot d\,w_b = \psi \frac{\gamma_l}{g} (n\,F) \cdot w_r^2 \cdot ds \qquad (13)$$

Darin bezeichnet, neben den anderen bereits bekannten Größen, s die Beschleunigungsweglänge in Meter.

Wir müssen die Differentiale aufschreiben, weil nun w_r keine Konstante ist, sondern sich stets verkleinert.

Die Relativgeschwindigkeit w_r ist stets gleich dem Unterschied aus jeweiliger Luft- und Brennstoffgeschwindigkeit, also

$$(14) \qquad w_r = w_l - w_b \,,$$

wenn wir mit w_l die jeweilige Luftgeschwindigkeit, mit w_b die jeweilige Brennstoffgeschwindigkeit bezeichnen (siehe S. 12).

Ferner muß, vernachlässigt man die Zerstäubungsarbeit, die ja verschwindend klein gegen die Beschleunigungsarbeit ist, stets die Beziehung bestehen (siehe S. 13), daß

$$\frac{G_l\, w_1^2}{2\,g} - \frac{G_b \cdot w_b}{2\,g} = \frac{G_l\, w_l^2}{2\,g} \qquad \text{oder}$$

$$G_l\, w_l^2 - G_b\, w_b^2 = G_l\, w_1^2 .$$

Daraus ist

$$w_l^2 = w_1^2 - \frac{G_b}{G_l} \cdot w_b^2 \qquad\qquad \text{und}$$

$$(15) \qquad w_l = \sqrt{w_1^2 - \frac{G_b}{G_l}\, w_b^2} .$$

Gleichung (15) in Gleichung (14) eingesetzt und letztere zum Quadrat erhoben, ergibt

$$w_r^2 = \left(\sqrt{w_1^2 - \frac{G_b}{G_l}\, w_b^2} - w_b \right)^2 .$$

Eingesetzt in Gleichung (13) erhalten wir:

$$\frac{G_b}{g} \cdot w_b\, d w_b = \psi\, \frac{\gamma_l}{g}\, (n\, F) \left(\sqrt{w_1^2 - \frac{G_b}{G_l}\, w_b^2} \cdot ds \right)^2 .$$

Einem bestimmten w_1 entspricht, da für die Zerstäubung, die sofort beim Zusammentreffen von Brennstoff und Luft stattfindet, $w_1 = w_r$ ist, ein konstantes $(n\,F)$. Schaffen wir alle Konstanten auf eine Seite, so erhalten wir

$$\frac{G_b}{\psi \cdot \gamma_l \cdot (n\,F)} \cdot \frac{w_b \cdot d w_b}{\left(\sqrt{w_1^2 - \frac{G_b}{G_l}\, w_b^2} - w_b \right)^2} = ds .$$

Integrieren wir, so erhalten wir ganz allgemein:

$$(16) \qquad \frac{G_b}{\psi \cdot \gamma_l \cdot (n\,F)} \cdot \int_{w_{b_0}}^{w_b} \frac{w_b\, d w_b}{\left(\sqrt{w_1^2 - \frac{G_b}{G_l}\, w_b^2} - w_b \right)^2} = \int_{s_0}^{s} ds$$

Tabelle 4

$\dfrac{G_b}{G_l}$	$w_b =$	5	10	15	20	25	30	35	40	45
0,25		0,00247	0,00633	0,0127	0,0238	0,0456	0,0955	0,25	1,187	—
0,5		0,00247	0,0064	0,01315	0,0254	0,053	0,128	0,484	27,8	—
0,75		0,0025	0,0065	0,01356	0,0274	0,0623	0,18	1,52	—	—
1,0	$f(w_b) =$	0,0025	0,00663	0,0139	0,03	0,075	0,3	71,4	—	—
1,25		0,0025	0,00667	0,01456	0,0327	0,0915	0,612	—	—	—
1,5		0,00251	0,00676	0,01515	0,036	0,119	1,974	—	—	—
1,75		0,00251	0,00685	0,0147	0,04	0,16	750	—	—	—
2,0		0,00252	0,0069	0,0163	0,0442	0,24	—	—	—	—

Das Integral auf der linken Seite läßt sich am einfachsten graphisch in der Weise lösen, daß wir die Funktion

$$f(w_b) = \frac{w_b}{\left(\sqrt{w_1^2 - \frac{G_b}{G_l}\,w_b^2} - w_b\right)^2}$$

als Kurve über w_b auftragen und uns dann aus dieser Kurve die Integralkurve bestimmen, die, multipliziert mit der Maßstabkonstanten und dem Werte $\dfrac{G_b}{\psi \cdot \gamma_l\,(n\,F)}$, den Wert des $\int ds$ ergibt.

In der Tabelle 4 ist $f(w_b)$ zahlenmäßig ausgerechnet in Abhängigkeit von der Brennstoffgeschwindigkeit w_b und vom Verhältnis

$$\frac{\text{Brennstoffgewicht}}{\text{Einblaseluftgewicht}} = \frac{G_b}{G_l}\ \text{für}\ w_1 = 50\ m/\text{sec}.$$

Multiplizieren wir in der Gleichung

$$f(w_b) = \frac{w_b}{\left(\sqrt{w_1^2 - \frac{G_b}{G_l}\,w_b^2} - w_b\right)^2}$$

w_b und w_1 mit 2, so erhalten wir:

$$f_1(w_b) = \frac{2\,w_b}{\left(\sqrt{(2^2\,w_1^2) - \frac{G_b}{G_l}\,2^2 \cdot w_b^2} - 2\,w_b\right)} = \frac{1}{2}\,f(w_b).$$

Ebenso wird $f_2(w_b) = \dfrac{1}{3}\,f(w_b)$, wenn wir w_b, w_1 mit 3 und $f_3(w_b) = \dfrac{1}{4}\,f(w_b)$, wenn wir w_b, w_1 mit 4 multiplizieren.

Diese einfache Beziehung nützen wir insoferne aus, als uns die Tabelle 4 die Werte der $f(w_b)$ nicht nur für $w_1 = 50\ m/\text{sec}$, sondern für jedes andere w_1 angibt, sofern wir nur entsprechend der Vergrößerung, beziehungsweise Verkleinerung von w_1, auch w_b vergrößern, beziehungsweise verkleinern und den zugehörigen Funktionswert der $f(w_b)$ entsprechend verkleinern, beziehungsweise vergrößern. In Abb. 11 ist aus den Werten der Tabelle 4 die Funktion $f(w_b)$ über w_b als Kurvenschar der konstanten Verhältnisse $\dfrac{G_b}{G_l}$ aufgetragen. Jedes w_1 hat nach obiger Beziehung seinen eigenen Abszissen- und Ordinatenmaßstab. Diese Kurvenschar ermöglicht es, für jeden innerhalb der Grenzen $\dfrac{G_b}{G_l} = 0{,}25 - 2$ und $w_1 = 50 - 300\ m/\text{sec}$ gelegenen Wert von $\dfrac{G_b}{G_l}$ und w_1 die $f(w_b)$

zu bestimmen. Zur Kontrolle der nur beschränkten Genauigkeit graphischer Lösungen wurden in Abb. 12 aus dieser Kurvenschar die Punkte konstanten Funktionswertes von $f(w_b)$ für $w_1 = 50\ m/\mathrm{sec}$ über

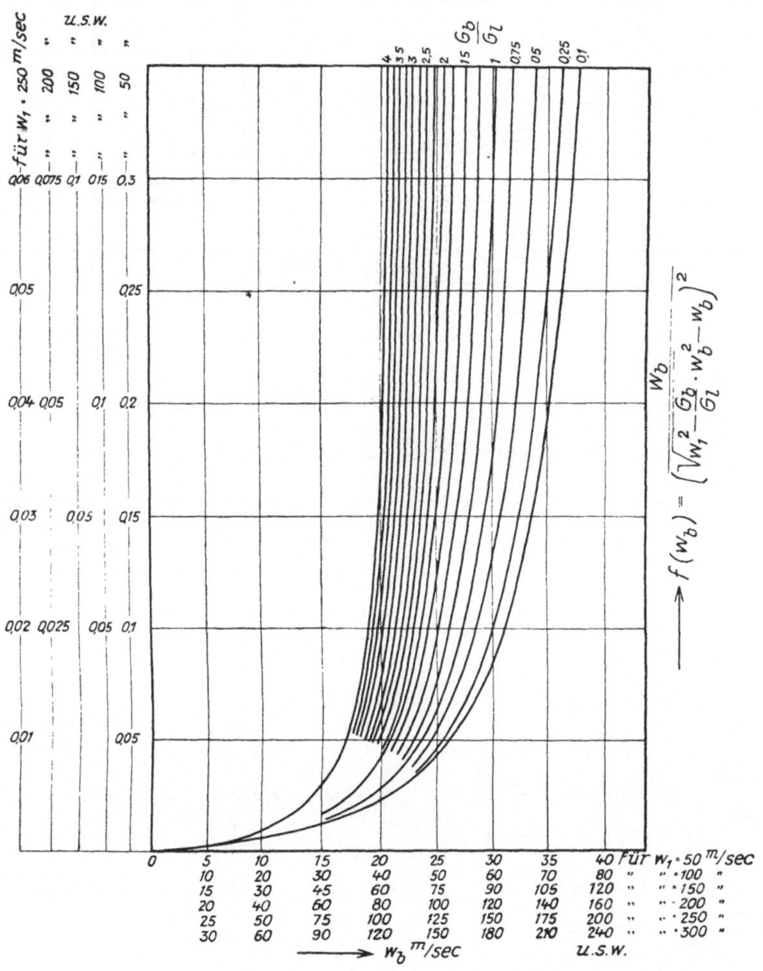

Abb. 11. $f(w_b)$ abhängig von w_1, w_b und $\dfrac{G_b}{G_l}$.

$\dfrac{G_b}{G_l}$ aufgetragen. Die Werte auf der Ordinatenachse sind Brennstoffgeschwindigkeiten w_b. Alle Punkte konstanten $f(w_b)$ müssen wieder auf einer Kurve liegen. Etwaige Fehler der graphischen Lösung lassen sich auf diese Weise korrigieren.

Von jeder der Kurven in Abb. 11 wurde graphisch die Integralkurve bestimmt[1]), in der Weise, wie es Abb. 13 zeigt.

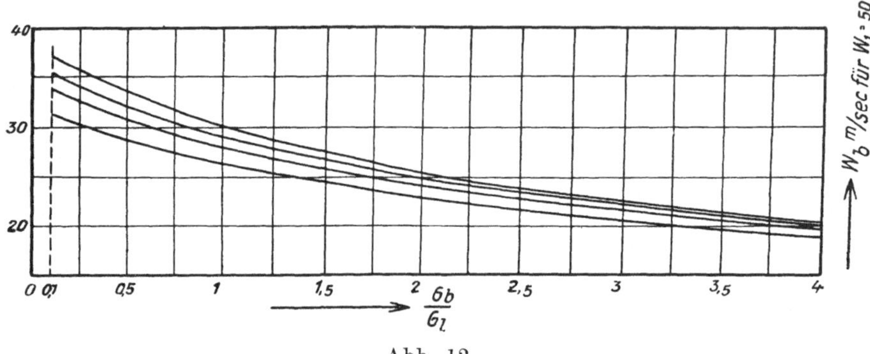

Abb. 12

Die Maßstabkonstante für die Integralkurve ergibt sich aus Abb. 13 mit $\dfrac{1}{1800}$, wie die folgende Tabelle zeigt:

w_1 m/sec	Abszissennachse	Ordinatenachse	Maßstab der Integr.-Konstante
50	15 Einheiten $=$ 5 m/sec 1 Einheit $= \dfrac{1}{3}$,,	6 Einh. $= 0{,}01$ m sec 1 ,, $= \dfrac{1}{600}$,,	
100	15 Einheiten $=$ 10 ,, 1 Einheit $= \dfrac{2}{3}$,,	12 ,, $= 0{,}01$,, 1 ,, $= \dfrac{1}{1200}$,,	
150	15 Einheiten $=$ 15 ,, 1 Einheit $= 1$,,	18 ,, $= 0{,}01$,, 1 ,, $= \dfrac{1}{1800}$,,	$(1 \text{ Einheit})^2 = \dfrac{1}{1800}$
200	15 Einheiten $=$ 20 ,, 1 Einheit $= \dfrac{4}{3}$,,	24 ,, $= 0{,}01$,, 1 ,, $= \dfrac{1}{2400}$,,	
250	15 Einheiten $=$ 25 ,, 1 Einheit $= \dfrac{5}{3}$,,	30 ,, $= 0{,}01$,, 1 ,, $= \dfrac{1}{3000}$,,	

usw. . . . . .

Der Ausdruck $\dfrac{G_b}{\psi \cdot \gamma_l \cdot n F}$ ist, wenn wir wie vorher

---

[1]) **Runge**, Graphische Methoden.

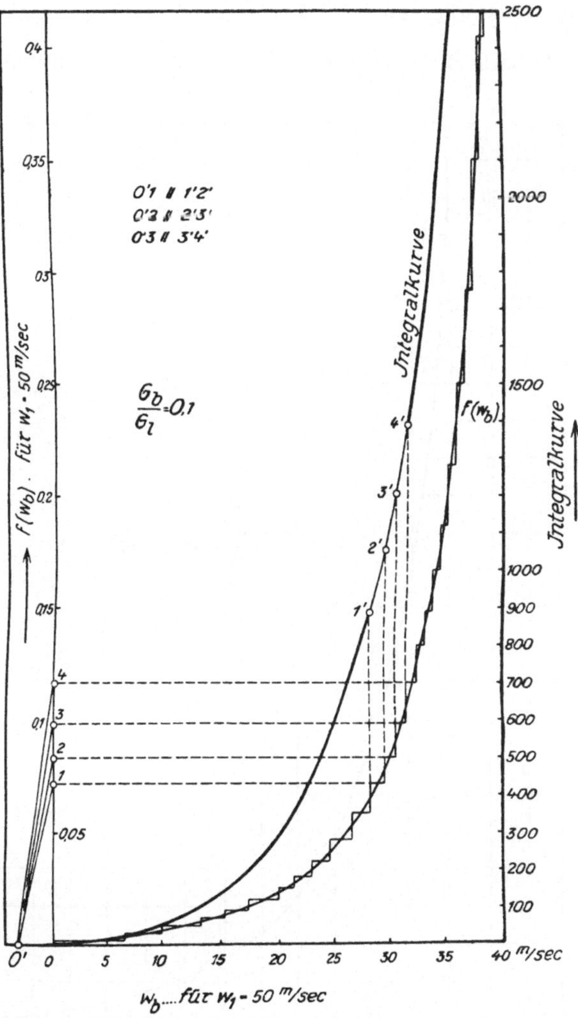

Abb. 13. Graphische Ermittlung der Integralkurve der Funktion $f(w_b)$.

$$G_b = 0,001 \ kg$$

$$\psi = 0,04$$

$$\gamma_l = \frac{1}{0,027} \ kg/m^3$$

annehmen, nur abhängig von $(n\,F)$, dem Gesamtquerschnitt der Flüssigkeitsteilchen normal zur Bewegungsrichtung. Nach den Überlegungen
auf S. 30 ist $(n\,F)$ von w_1 der Luftgeschwindigkeit im Momente der

Zerstäubung abhängig. Es ist daher auch $\dfrac{G_b}{\psi\,\gamma_l\cdot n\,F}$ nur eine Funktion von w_1. In Tabelle 5 ist dieser Ausdruck in Abhängigkeit von w_1 aus-

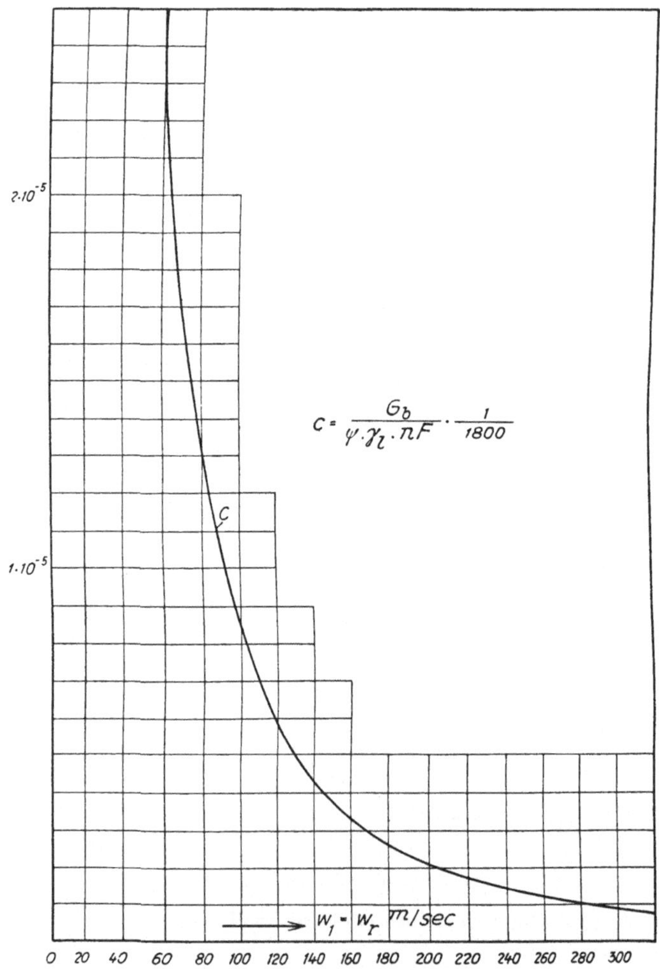

Abb. 14. Integrationskonstante C, abhängig von $w_1 = w_r$.

gerechnet. Zur Berechnung und graphischen Darstellung der Brennstoffgeschwindigkeit w_b in Abhängigkeit von w_1, $\dfrac{G_b}{G_l}$ und der Beschleunigungsweglänge s aus der Gleichung (16) ist der Ausdruck $\dfrac{G_b}{\psi\cdot\gamma_l\cdot n\,F}$

mit $\dfrac{1}{1800}$ zu multiplizieren. Auch dieser Zahlenwert, den wir mit c bezeichnen wollen, ist in Tabelle 5 ausgerechnet und in Abb. 14 als Kurve über w_1 aufgetragen.

Tabelle 5

$w_r = w_1{}^{m/sec}$	40	80	120	160	200
$\dfrac{G_b}{\psi \cdot \gamma_l \cdot (nF)}$	0,098	0,0237	0,0105	0,00592	0,00387
$c = \dfrac{1}{1800} \cdot \dfrac{G_b}{\psi \cdot \gamma_l \cdot nF}$	$5{,}26 \cdot 10^{-5}$	$1{,}315 \cdot 10^{-5}$	$0{,}585 \cdot 10^{-5}$	$0{,}3285 \cdot 10^{-5}$	$0{,}21 \cdot 10^{-5}$

$w_r = w_1{}^{m/sec}$	220	240	260	280	300
$\dfrac{G_b}{\psi \cdot \gamma_l \cdot (nF)}$	0,00135	0,00263	0,00224	0,00193	0,00168
$c = \dfrac{1}{1800} \cdot \dfrac{G_b}{\psi \cdot \gamma_l \cdot nF}$	$0{,}174 \cdot 10^{-5}$	$0{,}15 \cdot 10^{-5}$	$0{,}1245 \cdot 10^{-5}$	$0{,}11 \cdot 10^{-5}$	$0{,}093 \cdot 10^{-5}$

In Abb. 15 ist durch Multiplikation der Integralkurve mit c die Abhängigkeit der Brennstoffgeschwindigkeit w_b von w_1, $\dfrac{G_b}{G_l}$ und s durch eine Kurvenschar zahlenmäßig dargestellt, in der Weise, daß die Brennstoffgeschwindigkeiten w_b als Kurven konstanten w_1 und $\dfrac{G_b}{G_l}$ über dem Beschleunigungsweg s aufgetragen sind.

Zur Auswertung der Kurven in Abb. 15 sei zunächst eine Untersuchung über die Größe der maximal erreichbaren Brennstoffgeschwindigkeit w_b in Abhängigkeit von w_1 und $\dfrac{G_b}{G_l}$ angestellt. Wie aus Abb. 15 hervorgeht, kann diese maximale Brennstoffgeschwindigkeit theoretisch erst in der Unendlichkeit unter assymptotischer Annäherung erreicht werden. Praktisch ist allerdings, wie wir sehen werden, verhältnismäßig bald die assymptotische Annäherung erreicht, so daß wir bereits nach verhältnismäßig kleinem Beschleunigungsweg $w_b \sim w_{b\,max}$ setzen dürfen.

Die Energiegleichung unter Vernachlässigung der Zerstäubungs- und Reibungsarbeit (ideale Düse) lautet:

$$\frac{G_l \, w_1^2}{2g} - \frac{G_b \, w_b^2}{2g} = \frac{G_l \, w_l^2}{2g}.$$

Das Maximum von w_b ist dann erreicht, wenn die Relativgeschwindigkeit zwischen Luft und Brennstoffteilchen verschwindet, d. h. wenn $w_b = w_l$ geworden ist. Setzen wir in der Energiegleichung $w_l = w_b$, so erhalten wir:

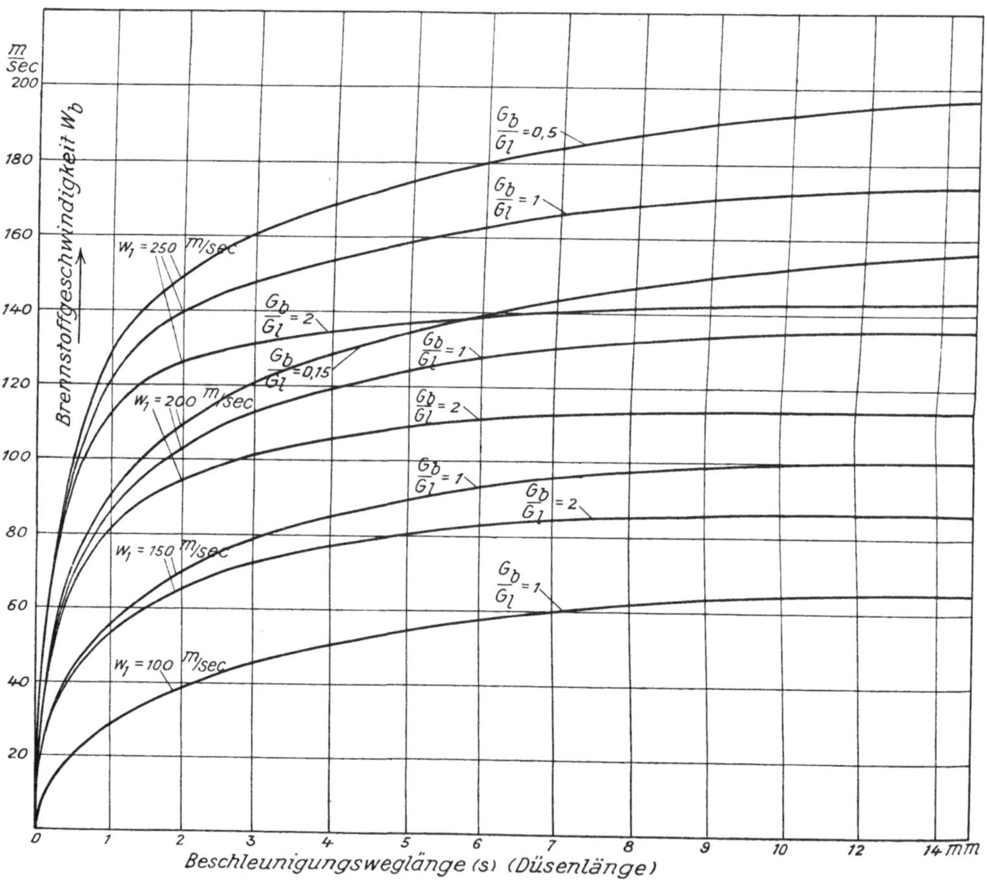

Abb. 15. Brennstoffgeschwindigkeit w_b abhängig von w_1, $\frac{G_b}{G_l}$ und 3.

$$G_l \frac{w_1^2}{2\,g} = \frac{w_b^2}{2\,g}\,(G_b + G_l) \qquad \text{und}$$

$$w_{b\,\max} = w_1 \sqrt{\frac{G_l}{G_b + G_l}} = w_1 \frac{1}{\sqrt{\dfrac{G_b}{G_l} + 1}}.$$

In der Tabelle 6 ist diese Gleichung zahlenmäßig ausgewertet. In

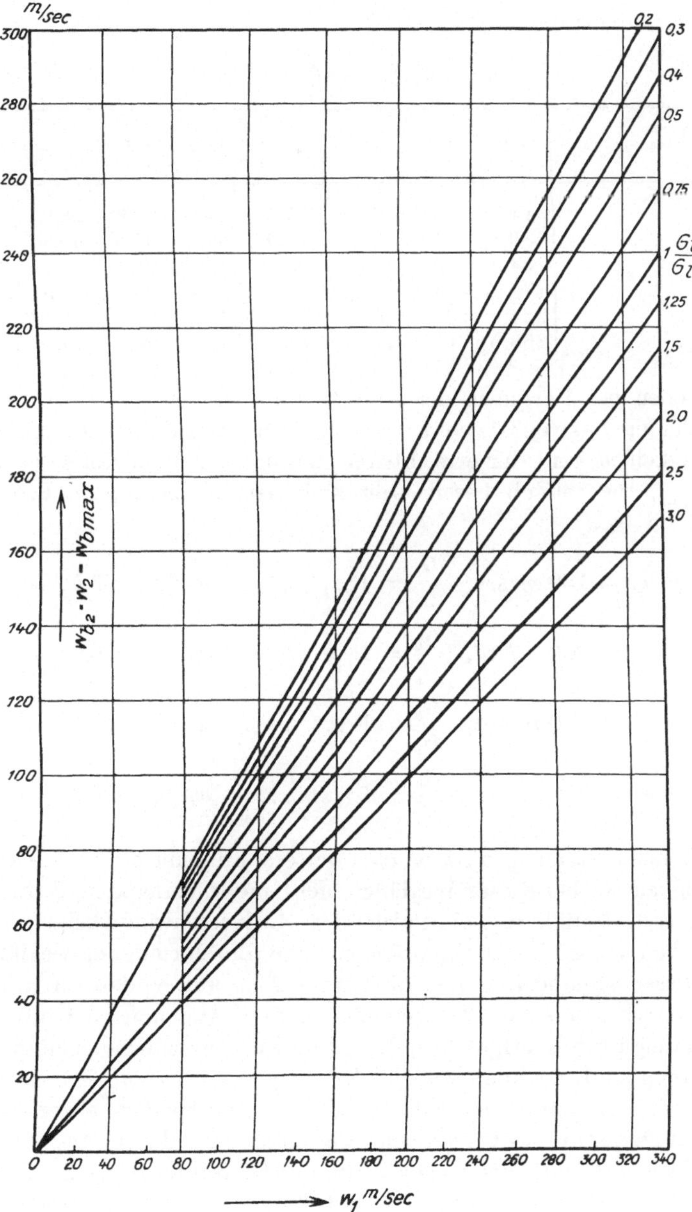

Abb. 16. Maximal erreichbare Brennstoffgeschwindigkeit w_b max abhängig von w_1 und $\dfrac{G_b}{G_l}$.

Abb. 16 sind dann mit Hilfe der Tabelle 6 die maximal erreichbaren w_b über w_1 aufgetragen.

Tabelle 6

$\dfrac{G_b}{G_l} =$		0,25	0,5	0,75	1	1,25	1,5	2	2,5
$w_1 = 50$		44,75	40,8	37,8	35,4	33,35	31,65	28,9	26,7
$w_1 = 100$		89,5	81,6	75,6	70,7	66,7	63,3	57,8	53,5
$w_1 = 150$	$w_{b\,max} =$	134	122,4	113,3	106	100	95	86,6	80,2
$w_1 = 200$		179	163,2	151,2	141,5	133,4	126,5	115,5	107
$w_1 = 250$		224	204	189	177	166,7	158,2	144,5	133,6
$w_1 = 300$		268,5	245	227	212	200	190	173,4	160,6

Wir sehen bei Vergleich der Abb. 15 und 16, daß bei einer Größe des Beschleunigungsweges von 10 mm der Unterschied der Brennstoffgeschwindigkeit w_b und der erreichbaren maximalen Brennstoffgeschwindigkeit $w_{b\,max}$ theoretisch bereits sehr klein ist. Es beträgt in Prozent des $w_{b\,max}$ für w_b:

$$\text{bei } w_1 = 150\ m/\text{sec}, \quad \frac{G_b}{G_l} = 1 \ \ldots\ldots\ldots \quad w_b\,\% = 93{,}5$$

$$\text{bei } w_1 = 200\ m/\text{sec}, \quad \frac{G_b}{G_l} = 1 \ \ldots\ldots\ldots \quad w_b\,\% = 96{,}0$$

$$\text{bei } w_1 = 250\ m/\text{sec}, \quad \frac{G_b}{G_l} = 1 \ \ldots\ldots\ldots \quad w_b\,\% = 97{,}3$$

$$\text{bei } w_1 = 300\ m/\text{sec}, \quad \frac{G_b}{G_l} = 1 \ \ldots\ldots\ldots \quad w_b\,\% = 98{,}2$$

Wir können daher praktisch ohneweiters annehmen, die Relativgeschwindigkeit sei bei dieser Weglänge nicht mehr vorhanden, d. h. die Brennstoffgeschwindigkeit sei gleich der Luftgeschwindigkeit. Ausführungen von Düsen weisen gewöhnlich eine Beschleunigungsweglänge im Sinne dieser Abhandlung von mindestens 2 cm auf, so daß wir in den folgenden Abschnitten mit der vereinfachenden Annahme, daß an der Düsenmündung Brennstoffgeschwindigkeit und Luftgeschwindigkeit gleich groß geworden sind, rechnen wollen. Es sei jedoch hervorgehoben, daß die Annahme nur einen speziellen Fall der abgeleiteten allgemeinen Gleichungen darstellt, wobei jedoch, wie man sich durch Ausrechnen eines allgemeinen Falles überzeugen kann, der Charakter der abgeleiteten Kurven und damit die allgemeinen Schlußfolgerungen keine Änderung erfahren.

Die bisherigen zahlenmäßigen Untersuchungen erfolgten unter der Annahme eines konstanten Endkompressions- und Verbrennungsdruckes

p_2 (ideales Gleichdruckverfahren) und daher eines über die Einströmzeit konstanten γ_l.

In Wirklichkeit ist der Verbrennungsdruck während der Einströmzeit veränderlich. Mit ihm verändert sich auch das spezifische Gewicht der Einblaseluft γ'_l. Es wird also die Zerstäubungsgüte der Brennstoffteilchen während des Einblasevorganges veränderlich sein, was wieder die Güte der Verbrennung in der Maschine beeinflußt. In den folgenden Abschnitten über die Verwirbelungsarbeit und den Einströmvorgang an der praktischen Brennstoffdüse soll im besonderen darauf eingegangen werden.

6. Die Verwirbelungsarbeit

Die zerstäubten und beschleunigten Brennstoffteilchen verlassen die Düse mit einer bestimmten Geschwindigkeit, der zufolge ihnen eine Strömungsenergie, die wir Brennstoffenergie nennen wollen, innewohnt.

Ebenso besitzt die Luft beim Verlassen der Düse eine Ausströmenergie, die ebenfalls von ihrer Austrittsgeschwindigkeit abhängt. Wir wollen sie als Luftrestenergie bezeichnen. Sie stellt den Rest der Luftenergie dar, der der anfänglichen Luftenergie nach Zerstäubung, Beschleunigung und Reibungsverlusten an den Düsenwandungen verblieben ist. Betrachten wir wieder eine ideale Düse, deren Ausflußkoeffizient gleich 1 ist, so haben Brennstoffteilchen und Einblaseluft nach Verlassen der Düse beim Einströmen in den Verbrennungsraum eine Einströmenergie = Einblaseenergie = Brennstoffenergie + Luftrestenergie.

Bei Vernachlässigung der Zerstäubungsarbeit, die im Normalfall, wie wir auf S. 23 festgestellt haben, verschwindend klein gegenüber der Einblaseluftenergie ist, können wir auch schreiben:

Einblaseenergie = Luftgesamtenergie.

Die Einblaseenergie hat die Aufgabe, die Brennstoffteilchen im Verbrennungsraum zu verteilen, zu verwirbeln, damit jedes Brennstoffteilchen die ihm zur Verbrennung notwendige Luftmenge erhält. Es

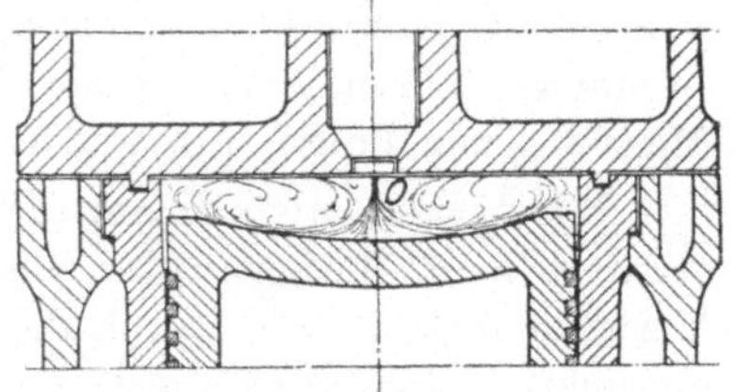

Abb. 17. Schnitt durch den Verbrennungsraum während des Einblasevorganges.

bildet sich durch das einströmende Luftbrennstoffgewicht eine Wirbelerscheinung aus, deren Form hauptsächlich von der Form des Verbrennungsraumes, der örtlichen Lage der Brennstoffdüse und der Größe der Einblaseenergie abhängen wird. Betrachten wir eine Dieselmaschine stehender Bauart, so hat der Verbrennungsraum während des Einblasevorganges im allgemeinen eine gedrungene zylindrische oder auch linsenförmige Form (siehe Abb. 17). Bei O ströme das Brennstoffluftgemisch in den Zylinderraum ein. Neben kleineren Nebenwirbeln wird sich beim Einströmen ein Hauptwirbel von pilzförmiger Gestalt ausbilden, in dem sich die Brennstoffteilchen bewegen und die zur Verbrennung notwendige Verbrennungsluftmenge erhalten.

Den Verbrennungsvorgang in der Dieselmaschine stellt man sich nach den letzten Forschungsergebnissen[1]) so vor, daß die einströmenden Brennstoffteilchen durch die hocherhitzte Verbrennungsluft ohne nennenswerte Vergasung bis auf die Zündtemperatur erwärmt werden, um sich dann zu entzünden und zu verbrennen, falls zur Verbrennung genügend Verbrennungsluft vorhanden ist. Hat das auf Zündtemperatur erwärmte Brennstoffteilchen zu wenig Verbrennungsluft, so tritt schleichende Verbrennung unter pyrogener Zersetzung, je nach der vorhandenen Verbrennungsluftmenge ein[1]). Die Voraussetzungen für eine vollkommene Verbrennung der Brennstoffteilchen in der Maschine in einem durch die Tourenzahl der Maschine gegebenen Zeitabschnitt sind ein bestimmter Zerstäubungsgrad, — die Größe der Wärmeaufnahme durch die Brennstoffteilchen aus der erhitzten Verbrennungsluft hängt von der Größe der Brennstoffteilchen ab — und eine bestimmte Geschwindigkeit der Wirbelausbildung über die notwendige Verbrennungsluftmenge.

Konnte sich der Wirbel in der zur Verbrennung bestimmten Zeit bei einem bestimmten Zerstäubungsgrad nicht so weit ausbilden, daß die im Wirbel bewegten und auf Zündtemperatur bereits erwärmten Brennstoffteilchen die notwendige Verbrennungsluft erhalten, so ist Nachbrennen oder unvollständige Verbrennung — rußiger Auspuff — die Folge. Umgekehrt muß ein besserer Zerstäubungsgrad und zu schnelle Wirbelbildung unter den gleichen Voraussetzungen zu rascherer Verbrennung führen, was spitze Diagramme, Überbeanspruchungen der Maschine zur Folge hat und daher ebenfalls vermieden werden muß.

Wir können also sagen, daß, unter der Voraussetzung eines konstanten Zerstäubungsgrades, für eine bestimmte Brennstoffmenge und Verbrennungszeit, die durch die Umdrehungszahl der Maschine gegeben erscheint, eine ganz bestimmte Wirbelarbeit und damit eine ganz bestimmte Einblaseenergie benötigt wird, die von der Bauart der Maschine abhängig ist, wenn die Verbrennung vollständig sein soll.

Der ganze Vorgang der Wirbelbildung läßt sich theoretisch nur schwer fassen. Durch die folgende Überlegung kann man sich ein Bild von der Größe der notwendigen Wirbelarbeit machen. Wir werden später sehen, daß die Ergebnisse dieser Überlegung durch die Praxis bestätigt werden.

---

[1]) Sonderheft „Dieselmaschinen" 1923: Alt, „Flüssige Brennstoffe und ihre Verbrennung in der Dieselmaschine."

Wir setzen folgende Vereinfachungen fest:

1. Reibungsverluste der Verbrennungsluft im Zylinder an der Wandung und den Kolben verschwinden,

2. es bilde sich nur ein Hauptwirbel aus, dessen Querschnittform sich nach Abb. 18 schematisiert ergibt. Die Wirkung der Nebenwirbel verschwinde.

Die Einblaseenergie des einströmenden Brennstoffluftgemisches teilt sich der komprimierten Verbrennungsluft im Zylinder infolge der inneren Luftreibung mit und es wird, wenn wir von Reibungsverlusten an Zylinderwand und Kolben absehen, die Beziehung gelten:

$$G_L \frac{w_m^2}{2\,g} = G_l \frac{w_1^2}{2\,g} \qquad (17)$$

wobei G_L das Gewicht der Verbrennungsluft im Zylinder bedeutet, welches gleich ist Ansaugeluftgewicht $+$ Einblaseluftgewicht. $\dfrac{w_m^2}{2\,g}$ ist die der Einblaseenergie entsprechende, auf das Verbrennungsluftgewicht reduzierte Geschwindigkeitshöhe.

Wir stellen uns vor, die einströmende Einblaseluft erteile nach obiger Gleichung der Verbrennungsluft eine mittlere Wirbelgeschwindigkeit, mit der sich der Hauptwirbel in Abb. 18 bewegen wird. Der Einblasevorgang ist an eine bestimmte Einblasezeit, die von der Umdrehungszahl der Maschine abhängt, gebunden.

Die mit der Einblaseluft einströmenden Brennstoffteilchen benötigen, je nach der Größe der einzelnen Teilchen oder was dasselbe bedeutet, je nach den Zerstäubungsgüten eine gewisse Weglänge, bis sie durch die heiße Verbrennungsluft auf Zündtemperatur erwärmt sind und zu verbrennen beginnen. Nehmen wir an, die Brennstoffteilchen erreichen in ˙b (Abb. 18) die Zündtemperatur. Die Verbrennungszone reiche von b bis c. Auf dem Wege bis c sind also die Brennstoffteilchen verbrannt. Die verbrannten Gase strömen in die Richtung des Hauptwirbels weiter und schieben die unverbrannte Luft vor sich her, die sich auf dem Wege von a bis b mit den frischeinströmenden Brennstoffteilchen mischt, diese auf die Zündtemperatur erwärmt und bei b wieder zur Verbrennung bringt usw., bis schließlich der gesamte eingeblasene Brennstoff verbrannt ist, unter der Voraussetzung, daß genügend Verbrennungsluft vorhanden war. Es werden

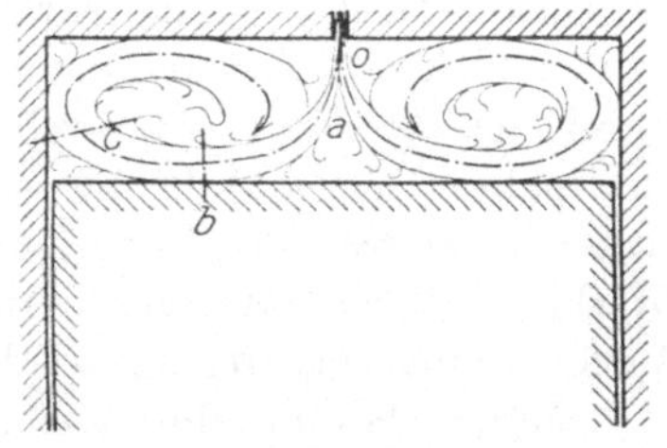

Abb. 18. Schnitt durch den Verbrennungsraum (schematisch) während des Einblasevorganges. (Maschine stehender Bauart).

schließlich die verbrannten Gase auf dem Wege der Hauptströmung vor *a* angelangt sein und der Einblase- und Verbrennungsvorgang ist beendet.

Wie sich die der Verbrennungsluft innewohnende Strömungsenergie im weiteren Verlaufe des Expansionshubes verwirbelt, ist für unsere Betrachtung nicht von Interesse.

Daß sich in Wirklichkeit der Verwirbelungs- und Verbrennungsvorgang nicht so einfach stellen wird, können wir aus der folgenden Überlegung ersehen:

Die zerstäubten Brennstoffteilchen sind, wie die Untersuchung des Zerstäubungsvorganges zeigt, keineswegs von genau gleicher Größe. Es wird daher auch der Weg der einzelnen Teilchen zur Erwärmung auf die Zündtemperatur und damit der Ort des Beginnes der Verbrennung verschieden sein. Die kleineren Brennstoffteilchen werden daher früher zur Verbrennung gelangen, werden sauerstoffreichere Verbrennungsluft vorfinden und ohne Zersetzung rasch verbrennen können. Die größeren Teilchen benötigen einen längeren Erwärmungsweg, gelangen also bereits bei Erreichung der Zündtemperatur in die Verbrennungszone der kleineren Teilchen, finden dort eine schlechte, sauerstoffarme Verbrennungsluft vor und werden unter pyrogener Zersetzung schleichend verbrennen.

Durch die Verbrennung erfolgt eine große Temperaturerhöhung im Verbrennungsraum; die in der Folge später eingeblasenen Brennstoffteilchen benötigen daher zur Erwärmung auf die Zündtemperatur einen immer kleineren Erwärmungsweg. Die Folge ist eine kürzere Zeitdauer zur Gemischbildung, wodurch bei konstanter Mischgeschwindigkeit eine schlechtere Gemischbildung und daher eine schlechtere Verbrennung, die unter teilweiser pyrogener Zersetzung schleichend erfolgen wird. Die in Wirklichkeit auftretenden Nebenwirbel werden den Verwirbelungs- und Verbrennungsvorgang in ähnlichem Sinne beeinflussen.

Ferner besitzt die Verbrennungsluft durch den Ansaugevorgang bereits eine Strömungsenergie, die im günstigen oder auch ungünstigen Sinn auf die Verwirbelung und Verbrennung wirken kann.

Im großen und ganzen können wir jedoch annehmen, der größte Teil des Verwirbelungs- und Verbrennungsvorganges spiele sich in einem Hauptwirbel ab, wie er schematisch in Abb. 18 dargestellt ist.

Die Ausbildung dieses Hauptwirbels hat man sich so vorzustellen, daß das eingeblasene Brennstoffluftgemisch infolge Reibung die Strömungsenergie der Verbrennungsluft im Zylinder mitteilt, so daß die Verbrennungsluft in Bewegung gerät. In der Umgebung von *a* wird sich infolge der mitgerissenen Verbrennungsluft ein Unterdruck einstellen, der eine Strömung von *d* nach *a* zur Folge haben wird, die durch das Nachschieben von *b* nach *d* unterstützt wird.

Auch bei liegenden Maschinen mit einem Verbrennungsraum nach Abb. 19 kommt es in gleicher Weise zur Ausbildung eines Hauptwirbels.

Ein Beweis für die Richtigkeit der Annahme der Ausbildung eines Hauptwirbels während der Verbrennung kann auch erbracht werden, wenn man sich den Einblasevorgang bei Düsen vor Augen hält, deren Düsenplättchen nicht eine zentrale Durchbohrung, sondern einen Kranz von Bohrungen besitzt, die auf einem Kegelmantel gleichmäßig verteilt sind. Hier zeigt es sich, daß der beste Wirkungsgrad der Verbrennung nur bei einer

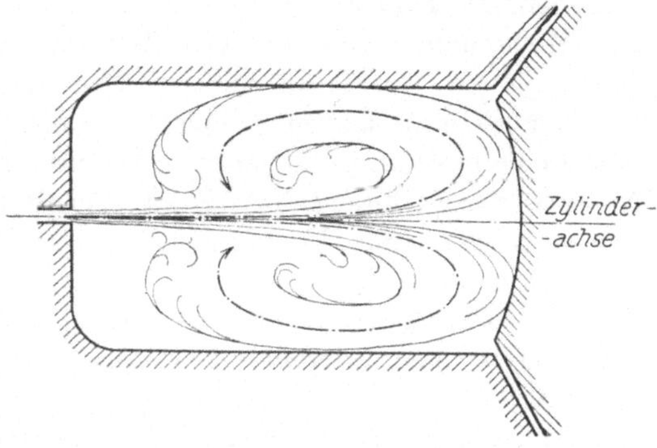

Abb. 19. Schnitt durch den Verbrennungsraum einer liegenden Maschine (schematisch) während des Einblasevorganges.

ganz bestimmten Anzahl von Düsenbohrungen, die unter bestimmtem Winkel gegen die Zylinderachse geneigt sind, erreicht wird. In Abb. 20 sei ein Schnitt durch den Verbrennungsraum schematisch dargestellt. Die Düse besitzt eine Anzahl Bohrungen. Durch jede Bohrung strömt das Brennstoffluftgemisch und nimmt infolge Reibung die Verbrennungsluft mit. Es wird sich z. B. auf dem Kreise a im Momente des Einblasebeginnes ein Geschwindigkeitsverlauf in der Strömungsrichtung ergeben, wie er in Abb. 20 schematisch eingezeichnet ist. Ist nun das Geschwindigkeitsminimum größer als die durch das Ausströmen und Nachschieben bedingte Strömungsgeschwindigkeit in entgegengesetzter Richtung, so kann sich der Hauptwirbel nicht ausbilden.

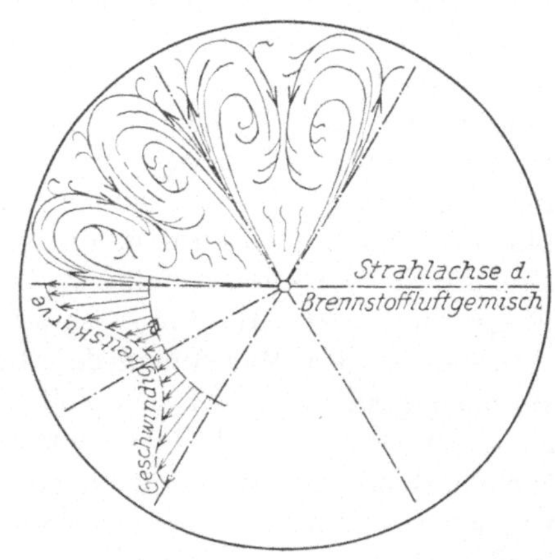

Abb. 20. Schnitt durch den Verbrennungsraum normal zur Zylinderachse (schematisch) während des Einblasevorganges (Mehrlochdüse).

Ein großer Teil der Verbrennungsluft kann zur Verbrennung nicht ausgenützt werden, die Verbrennung ist daher unvollständig und schleichend. Nur unter der Bedingung, daß das zur Ausbildung gelangende Geschwindigkeitsminimum in der Halbierungslinie der Einströmrichtungen so klein ist, daß eine Gegenbewegung, in solcher Größe erfolgen kann, daß der sich bildende Hauptwirbel den größten Teil der Verbrennungsluft in der zur Verbrennung notwendigen Zeit umfaßt, wird die Güte der Verbrennung ein Maximum bilden. Das bedingt natürlich einen ganz bestimmten günstigsten Winkel zwischen zwei Düsenbohrungen und damit eine bestimmte Anzahl von Düsenbohrungen mit einer bestimmten Neigung zur Zylinderachse. Zahlreiche praktische Versuche von Dieselfirmen zeigen ohne die eigentlichen Ursachen zu erkennen dieses Ergebnis.

Die bisherige Betrachtung erfolgte unter der Annahme, die Einblaseenergie stimme genau mit der notwendigen Verwirbelungsarbeit überein.

Ist die Einblaseenergie zu klein, um die notwendige Verwirbelungsarbeit in der zur Verfügung stehenden Zeit aufzubringen, so ist nach Gleichung (17) w_m auch zu klein. Es erhalten die immer neu einströmenden Brennstoffteilchen nicht genügend Verbrennungsluft zugeführt (siehe Abb. 18). Nachbrennen, beziehungsweise russiger Auspuff, also unvollständige Verbrennung, großer Brennstoffverbrauch ist die Folge.

Schließlich wollen wir annehmen, die Einblaseenergie sei zu groß. Da die Einblaseenergie infolge des konstanten Düsenquerschnittes wesentlich nur durch Erhöhung des Einblaseüberdruckes vergrößert werden kann, ist dadurch eine bessere Brennstoffzerstäubung bedingt. Das jedoch hat einen kleineren „Zündverzug“, eine kürzere Zeit zur Erwärmung auf Zündtemperatur zur Folge. Das größere w_m der Verbrennungsluft im Zylinder als Folge der größeren Einblaseenergie führt nun dem besser zerstäubten, zur Verbrennung günstiger vorbereiteten Brennstoff Verbrennungsluft im Zeitelement im Übermaß zu. Die Folge sind spitze Indikatordiagramme mit übermäßig hohen Beanspruchungen der Maschinenteile. Im analogen Sinne kann der Zerstäubungsgrad auch auf den Fall der zu kleinen Einblaseenergie angewendet werden: schlechtere Zerstäubung infolge zu kleiner Einblaseenergie, daher für die Verbrennung schlechter vorbereiteter Brennstoff, was mit zu geringer Verwirbelungsarbeit Nachbrennen zur Folge haben muß.

Zusammenfassend können wir also feststellen, daß für eine bestimmte Maschine und Belastung derselben eine ganz bestimmte Einblaseenergie nötig ist. Ändert sich die Belastung, d. i. die Menge der einströmenden Brennstoffteilchen, so ist damit eine andere Verbrennungsluftmenge notwendig. Es muß deshalb das w_m und damit die Einblaseenergie verändert werden. Ändert sich andererseits die Tourenzahl der Maschine bei konstantem Drehmoment, vergrößert sie sich z. B., so muß nun, da im Zeitdifferential mehr Brennstoffteilchen in den Verbrennungsraum einströmen, auch die im Zeitdifferential herbeigeschaffte Verbrennungsluftmenge größer sein. Mit anderen Worten, es muß w_m und damit die Einblaseenergie größer werden. Analog verlangt die Tourenzahlverringerung eine Verringerung der Einblaseenergie.

Abb. 21 stellt schematisch Schnitt und Grundriß des Verbrennungsraumes dar. In O ströme das Brennstoffluftgemisch ein und bilde den schematisch eingezeichneten Hauptwirbel. Die Zerstäubungsgüte sei für die folgende Untersuchung konstant gehalten. Betrachten wir den Grundriß, so gibt uns das Flächenelement Δf_1 als Ausschnitt aus dem Wirbel einen Maßstab für die Größe der notwendigen Luftmenge, die zur Verbrennung eines bestimmten ΔG_b notwendig ist.

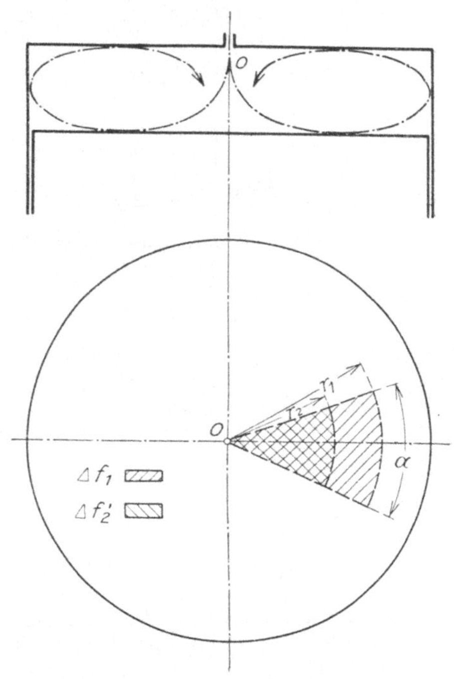

Abb. 21. Schnitt und Grundriß des Verbrennungsraumes während des Einblasevorganges (schematisch).

Es ist $\Delta f_1 = \dfrac{r_1^2\,\alpha}{2}$. Diese Fläche entspreche der Verbrennungsluftmenge ΔG_L für ΔG_b.

Für $\dfrac{\Delta G_b}{2}$ brauchen wir theoretisch die halbe Verbrennungsluftmenge $\dfrac{\Delta G_L}{2}$, entsprechend einem

$$\Delta f_2 = \frac{\Delta f_1}{2} = \frac{r_1^2\,\alpha}{4} = \frac{r_2^2\,\alpha}{2}.$$

Daraus ist $r_2 = r_1 \sqrt{\dfrac{1}{2}}$.

Es entspricht einem ΔG_b eine Einblasearbeit

$$\Delta G_l \frac{w_1^2}{2\,g} = \Delta G_L \cdot \frac{w_{m_1}^2}{2\,g}.$$

Bezeichnet

Δt die Einströmzeit des Brennstoffgewichtes ΔG_b in den Verbrennungsraum, so ist der von ΔG_L in der Zeit Δt zurückgelegte Weg $s_1 = w_{m1}$; $\Delta t \cdot r_1$ stellt ein Maß für s_1 dar.

Ist das in der Zeit Δt eingespritzte Brennstoffgewicht $\dfrac{\Delta G_b}{2}$, so entspricht ihm nach der obigen Gleichung ein Weg s_2, für den uns r_2 ein Maß gibt.

Da also r_1 und r_2 den Weglängen s_1 und s_2 zugeordnet erscheinen, können wir für $r_2 = r_1 \sqrt{\dfrac{1}{2}}$ auch entsprechend schreiben $s_2 = s_1 \sqrt{\dfrac{1}{2}}$ und schließlich

$$w_{m_2} = \frac{s_2}{\varDelta t} = \frac{s_1 \sqrt{\dfrac{1}{2}}}{\varDelta t} = \sqrt{\frac{1}{2}} \cdot w_m.$$

Die notwendige Einblaseenergie ist dementsprechend für $\dfrac{\varDelta G_b}{2}$

$$\varDelta G_L \frac{\left(w_{m_1} \cdot \sqrt{\dfrac{1}{2}}\right)^2}{2\,g} = \varDelta G_L \frac{w_{m_1}^2}{4\,g} = \frac{1}{2}\,\varDelta G_l \frac{w_1^2}{2\,g}.$$

Es wird also für das halbe Brennstoffgewicht die halbe Einblaseenergie benötigt. Die Einblaseenergie ist also direkt proportional dem eingeblasenen Brennstoffgewicht. Wir erhalten darnach theoretisch für die Einblaseenergie bei konstanter Tourenzahl in Abhängigkeit vom eingeblasenen Brennstoffgewicht ein Schaubild nach Abb. 22.

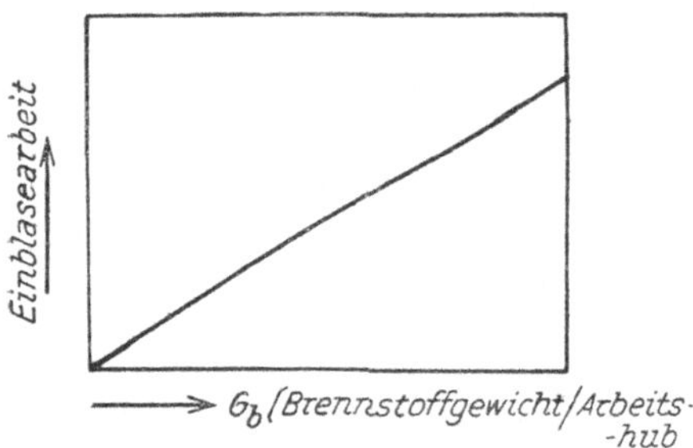

Abb. 22. Abhängigkeit der Einblasearbeit von der Belastung (Idealfall).

Für veränderliche Tourenzahl bei konstantem Drehmoment können wir schreiben:

n Umdrehungen der Maschine entspricht für ein bestimmtes $\varDelta G_b$ eine Einströmzeit $\varDelta t_n$, ein Weg s, eine Verwirbelungsarbeit

$$\varDelta G_l \frac{w_1^2}{2\,g} = \varDelta G_L \frac{w_{m\,n}^2}{2\,g}, \text{ wobei } s = w_{m\,n} \cdot \varDelta t_n.$$

$2\,n$ Umdrehungen entspricht für das gleiche $\varDelta G_b$ eine Einströmzeit $\dfrac{\varDelta t_n}{2}$.

Die zur Verbrennung des $\varDelta G_b$ notwendige Luftmenge $\varDelta G_L$ ist für $2\,n$ Umdrehungen dieselbe, wie für n Umdrehungen. Da in den Einströmzeiten $\varDelta t_n$ und $\dfrac{\varDelta t_n}{2}$ dieselbe Brennstoffmenge $\varDelta G_b$ eingeblasen wird, so entspricht ihr der gleiche Weg s. Da jedoch die Einströmzeit für $2\,n$ Umdrehungen nur halb so groß ist, wie für n Umdrehungen, so ist für $2\,n$ Umdrehungen

$$s = w_{m\,2\,n} \cdot \frac{\varDelta\, t_n}{2} \qquad \text{und}$$

$$w_{m\,2\,n} = \frac{2\,s}{\varDelta\, t_n} = 2\,w_{m\,n}.$$

Es ist daher die notwendige Einblaseenergie für $2\,n$ Umdrehungen

$$\varDelta\, G_l\,\frac{(2\,w_{m\,n})^2}{2\,g} = \frac{2^2 \cdot \varDelta\, G_L \cdot w_m^2}{2\,g} = 2^2\,\frac{\varDelta\, G_l \cdot w_1^2}{2\,g}.$$

Analog beträgt für $3 \cdot n$ Umdrehungen die notwendige Einblaseenergie

$$3^2\,\frac{\varDelta\, G_l \cdot w_1^2}{2\,g}.$$

Die Einblaseenergie steigt also bei konstantem Brennstoffgewicht, d. i. bei konstantem Drehmoment theoretisch im quadratischen Verhältnis zur Umdrehungszahl, wie es Abb. 23 zeigt.

Wie weit und aus welchen Gründen sich an der wirklichen Maschine Abweichungen dieser Gesetze ergeben, soll in einem späteren Abschnitt besprochen sein. Es wird jedoch gezeigt werden, daß beide Gesetze grundsätzlich durch die Praxis bestätigt erscheinen.

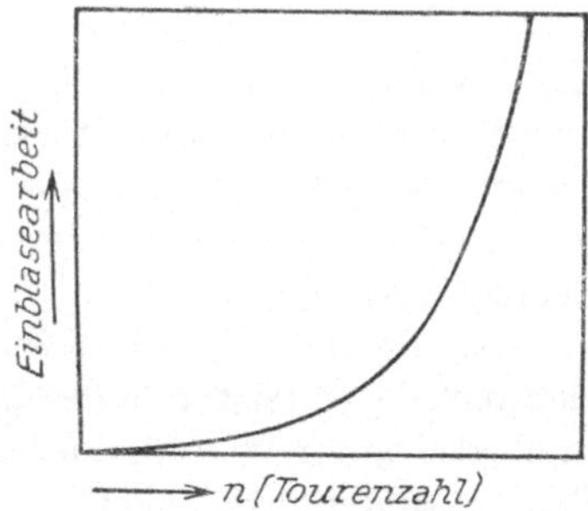

Abb. 23. Abhängigkeit der Einblasearbeit bei konstantem Drehmoment von der Tourenzahl der Maschine (Idealfall).

7. Der Einströmvorgang an der praktischen Brennstoffdüse

Die bisherige Annahme des Einblasevorganges mit Hilfe einer idealen Düse hat aus folgenden Gründen nur allgemeine Gültigkeit:

1. Durch die Ausbildung der Nocke ist ein sofortiges Eröffnen des Steuerquerschnittes der Düse und ein sofortiges Abschließen bei Beendigung des Einblasevorganges nicht der Fall. In Wirklichkeit ergibt sich je nach der Form des Brennstoffnockens, der Querschnittsverhältnisse vor dem Steuerquerschnitt im Düsenplättchen eine Erhebungskurve und damit eine Ventileröffnung nach Abb. 24. Wir haben also durch die Annahme eines

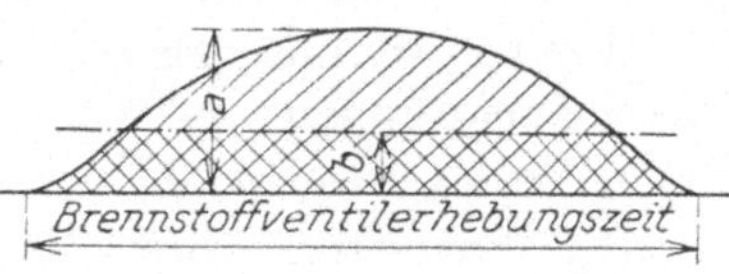

Abb. 24

sofortigen Eröffnens und Abschließens des freien Düsenquerschnittes bei der idealen Düse einen Fehler geduldet, den man allerdings durch einen Koeffizienten (kleiner als 1) berücksichtigen könnte.

2. Wir haben bei der idealen Düse Reibung und Strahlkontraktion vernachlässigt. Beide Werte hängen so sehr von der Düsenkonstruktion (Neigungswinkel des Zerstäubungskegels, Ausbildung des Düsenplättchens, Rauhigkeit der Düsenwandungen) ab, daß sich genaue allgemein gültige Zahlenwerte nur mit grober Annäherung ermitteln lassen.

Neumann[1]) berechnet für die Düse einer untersuchten Maschine einen mittleren Ausflußkoeffizienten $\mu = 0.455$, unter Vernachlässigung des ebenfalls mit ausströmenden Brennstoffes; dieser berechnete Ausflußkoeffizient hat jedoch gerade nur für die in Rechnung gestellte Belastung der Maschine Gültigkeit und zwar aus folgenden Gründen: Die Düsenmündungsgeschwindigkeit und damit das Einblaseluftgewicht kann wegen der in der Düse zu leistenden Brennstoffbeschleunigungsarbeit nicht mehr dem Druckgefälle zwischen Einblasedruck und Verbrennungsdruck entsprechen, da ein Teil des Druckgefälles, wenn wir die Zerstäubungsarbeit vernachlässigen, zur Brennstoffbeschleunigung herangezogen wird.

Das Brennstoffgewicht ändert sich mit der Belastung. Daher ändert sich auch die zu leistende Beschleunigungsarbeit. Der Ausflußkoeffizient μ muß also unter der Voraussetzung, daß die Mündungsgeschwindigkeit dem gesamten Druckgefälle entspricht, wie Neumann ihn rechnet, eine Funktion der Belastung der Maschine sein. Unter Berücksichtigung der Brennstoffbeschleunigungsarbeit und des ebenfalls mit ausströmenden Brennstoffes wird μ bedeutend höher und in dem bei Dieselmaschinen verwendeten Luftgeschwindigkeitsbereich für eine bestimmte Düse nahezu konstant sein.

Der Ausflußkoeffizient wird sonst vor allem von der Form der Düsenmündung, dem vor dem Düsenplättchen befindlichen Querschnitt und der Neigung des Zerstäuberkegels abhängen.

3. Es wird das Verhältnis $\dfrac{\text{Brennstoffgewicht}}{\text{Einblaseluftgewicht}} = \dfrac{G_b}{G_l}$ während der Einblasezeit nicht konstant sein.

Wenden wir uns der Betrachtung der im Abschnitt 1 besprochenen Düsenhauptgruppen zu und beginnen die Untersuchung mit dem Plättchenzerstäuber der Abb. 4.

Der Brennstoff wird vor Eröffnen der Brennstoffnadel auf der Oberfläche der Zerstäuberplättchen durch die Brennstoffpumpe vorgelagert. Die Menge des während des Einströmvorganges durch die Einblaseluft mitgerissenen Brennstoffes ist von der Größe der bestrichenen Flüssigkeitsoberfläche abhängig. Diese nimmt während des Einströmvorganges infolge des von der Einblaseluft mitgerissenen Brennstoffes

---

[1]) Neumann: Forschungsarbeit Nr. 245 d. V. d. I., Untersuchungen an der Dieselmaschine.

ab. Es müßte sich demnach das Verhältnis $\dfrac{G_b}{G_l}$ immer mehr verkleinern.

Nun müssen wir aber den Bohrungen in den Zerstäuberplättchen einen regulierenden Einfluß insoferne zuschreiben, als der im Verhältnis zu der gesamten Flüssigkeitsoberfläche des vorgelagerten Brennstoffes kleine Gesamtquerschnitt der Bohrungen einer Platte einen Gegenquerschnitt zur Flüssigkeitsoberfläche darstellt, der im Zeitelement nur ein bestimmtes Brennstoffgewicht, abhängig von der Größe der Luftenergie, durchläßt.

Das erwünschte stets gleiche Verhältnis $\dfrac{G_b}{G_l}$ über die ganze Eröffnungszeit des Brennstoffventils läßt sich natürlich auch dadurch nicht erreichen. Es wird zu Beginn des Einströmvorganges das Verhältnis am größten sein. Für kurze Zeit wird sich ein Beharrungszustand aus den eben angeführten Gründen einstellen. Schließlich, wenn die bestrichene Brennstoffoberfläche immer kleiner wird, wird der regulierende Einfluß der Zerstäuberplättchenbohrungen immer kleiner werden und das Verhältnis $\dfrac{G_b}{G_l}$ immer mehr abnehmen.

Ist der Gesamtquerschnitt der Bohrungen eines Plättchens zu groß, so reißt die Einblaseluft zu viel Brennstoff mit sich. Es besteht die Gefahr, daß das mittlere Verhältnis $\dfrac{G_b}{G_l}$ zu groß wird und daher noch vor Ventilschluß die Einblaseluft die Brennstoffdüse vom Brennstoff vollständig reinfegt. Das ist jedoch unerwünscht, da sich der nach Ventilschluß übrig bleibende Brennstoff, wie es sich in der Praxis zeigt, an der Ventilnadel ansammeln soll, um bei Beginn des nächsten Einströmens den zur Einleitung des Verbrennungsvorganges notwendigen Zündtropfen zu ergeben, der ausgleichend auf den schädlichen Einfluß der kalten Einblaseluft wirken soll. Durch das Reinfegen der Düse kann daher bei kleinen Belastungen die Zündung des Brennstoffes in Frage gestellt sein, bzw. Spätzündung und starkes Nachbrennen die Folge sein. Das Reinfegen der Düse tritt aus analogem Grunde bei zu geringer Zerstäuberplättchenanzahl — auch zu geringe Plättchenzahl vermindert den regulierenden Einfluß — oder bei zu großer Einblaseenergie ein. Zu kleiner Querschnitt der Zerstäuberplattenbohrung, zu große Anzahl der Zerstäuberplatten oder aber zu geringe Einblaseenergie hat die umgekehrte Wirkung zur Folge. Es tritt der Fall ein, daß der zum Arbeitshub notwendige Brennstoff in der zur Verfügung stehenden Ventileröffnungszeit nicht eingeblasen werden kann. Die Folge ist ein verringertes Drehmoment. Die Tourenzahl der Maschine wird abnehmen.

Zusammenfassend können wir über Plättchenzerstäuber folgendes sagen: Das Mitreißen eines bestimmten vorgelagerten Brennstoffgewichtes in der vorgeschriebenen Ventileröffnungszeit ist für eine Düse bestimmter

Konstruktion an eine bestimmte Einblaseenergie gebunden. Das Verhältnis $\dfrac{\text{Brennstoffgewicht}}{\text{Einblaseluftgewicht}}$ ist zu Beginn des Einspritzvorganges am größten und nimmt bis zum Ventilschluß immer mehr ab.

Betrachten wir nun den Spaltzerstäuber in Abb. 5. Die Einblase luft streicht am Spalt b vorbei und reißt den im Raume d vorgelagerten Brennstoff mit. Die Luft findet während der ganzen Ventileröffnungszeit eine konstante Flüssigkeitsoberfläche, gegeben durch den Spaltquerschnitt b vor. Das Verhältnis $\dfrac{G_b}{G_l}$ muß bei diesem Zerstäuber über die Ventileröffnungszeit annähernd konstant sein. Betrachten wir ferner noch, daß das Brennstoffluftgemisch beim Plattenzerstäuber durch die gegeneinander versetzten Bohrungen der Zerstäuberplättchen und den Zerstäuberkegel bis zum Düsenplättchen einen vielfach gewundenen, drosselnd wirkenden Weg zu durchströmen hat, während hier der Beschleunigungsweg sehr einfach, fast dem idealen gleichkommt, so müssen wir feststellen, daß dieser Spaltzerstäuber auch hinsichtlich kleinerer Energieverluste dem Plattenzerstäuber überlegen ist. Der Spaltquerschnitt ist maßgebend für die Verteilung des Brennstoffes über die Eröffnungszeit. Ist er zu groß, so ist noch vor Ventilschluß die Düse von Brennstoff leer gefegt, ist der Querschnitt zu klein, so kann mit einer bestimmten Einblaseenergie das gesamte Brennstoffgewicht in der vorgeschriebenen Zeit durch die Einblaseluft nicht mitgerissen werden.

Wir fassen zusammen:

Das Verhältnis $\dfrac{G_b}{G_l}$ ist über die Ventileröffnungszeit annähernd konstant, die Düse kommt in diesem Punkte einer idealen Düse nahe. Für eine bestimmte Düsenkonstruktion (Größe des Spaltquerschnittes b) ist zum Einführen der bestimmten Brennstoffmenge in der vorgeschriebenen Ventileröffnungszeit eine bestimmte Einblaseenergie erforderlich.

Schließlich wollen wir noch die offene Düse der Abb. 6 betrachten. Der Brennstoff ist in e vorgelagert, regulierende Organe, wie die Zerstäuberplatten in Abb. 4, der konstante Spaltquerschnitt b in Abb. 5 sind nicht vorhanden. Die durch die Bohrung d einströmende Einblaseluft reißt sofort den ganzen Brennstoff durch den Düsenplättchenquerschnitt f in den Verbrennungsraum mit, wobei allerdings ein kleiner regulierender Einfluß f zugesprochen werden muß. Das Verhältnis $\dfrac{G_b}{G_l}$ wird daher anfangs sehr groß sein und schnell über die Ventileröffnungszeit abnehmen. Die Folge sind spitze Indikatordiagramme. Wie schon auf S. 8 erwähnt, sucht man diesem Übelstande so zu begegnen, daß man den

Brennstoff nur zum Teil vorlagert. Der übrige Teil wird während des Einspritzvorganges durch die Brennstoffpumpe nach e gefördert. Dadurch sucht man ein einigermaßen konstantes $\dfrac{G_b}{G_l}$ über die Ventileröffnungszeit zu erreichen. Jedoch wird auch dadurch nur zum Teil annähernd konstantes Brennstoffgemisch erreicht. Es zeigen daher Maschinen mit offenen Düsen fast immer Diagrammspitzen, so daß sie an den Diagrammen allein leicht von Maschinen mit geschlossenen Düsen unterschieden werden können. Wie leicht einzusehen ist, bestimmt natürlich auch hier die jeweilige Düsenkonstruktion, Düsenplättchenquerschnitt die notwendige Einblaseenergie für ein Brennstoffgewicht, um dieses in der vorgeschriebenen Zeit in den Verbrennungsraum einzuführen.

Wir sehen also, daß die Größe der Einblaseenergie nicht nur von der Größe der aufzubringenden Verwirbelungsarbeit im Verbrennungsraum, sondern auch von der Düsenkonstruktion abhängig ist. Beide Größen stehen allerdings so in Übereinstimmung, daß ein größeres Brennstoffgewicht sowohl eine größere Verwirbelungsarbeit, als auch eine größere Einströmarbeit erfordert.

Es ist Sache des praktischen Versuches, beide Einflüsse durch Abänderung der Düsenplättchendurchmesser, Anzahl der Zerstäuberplättchen usw. so in Übereinstimmung zu bringen, daß die Einblaseenergie für ein bestimmtes Brennstoffgewicht mit der Ventileröffnungszeit in der Weise abgestimmt ist, daß einerseits die Verwirbelungsarbeit aufgebracht erscheint, anderseits der Brennstoff annähernd gleichmäßig über die vorgeschriebene Zeit in den Zylinder eingeführt wird. Ändert sich die Belastung der Maschine und damit das pro Arbeitshub einzuführende Brennstoffgewicht, so muß auch als Folge der veränderten Verwirbelungsarbeit einerseits und der eben besprochenen Vorgänge in der Düse anderseits die Einblaseenergie geändert werden. Wir können hier schon kurz bemerken, daß der ideale Fall, bei dem Verwirbelungsarbeit und Düsenkonstruktion, anderseits auch Zerstäubung und damit der Verbrennungsvorgang dann am besten berücksichtigt erscheint, wenn wir die Größe der Einblasearbeit durch Veränderung der Ventileröffnungszeit mit konstantem Eröffnungspunkt herbeiführen. Allerdings lassen konstruktive Schwierigkeiten nur eine bedingte Erfüllung dieser Regelungsart zu.

4. Es wurde bei der Untersuchung des theoretischen Zerstäubungsvorganges (S. 3) vorausgesetzt, die Brennstoffteilchen seien von allen Seiten gleichmäßig von der Einblaseluft umgeben, die auf die Brennstoffteilchen wirkende äußere Kraft der Reibung wirke konzentrisch auf diese ein.

Ferner wurde stillschweigend bei der Annahme der idealen Düse (S. 27) vorausgesetzt, der Querschnittsverlauf über die Beschleunigungsweglänge, d. i. die Düsenlänge, verändere sich stetig in Abhängigkeit der, infolge der Brennstoffbeschleunigung sich verändernden, Geschwindigkeiten w_b und w_l, des Brennstoffgewichtes G_b und des Einblaseluftgewichtes G_l.

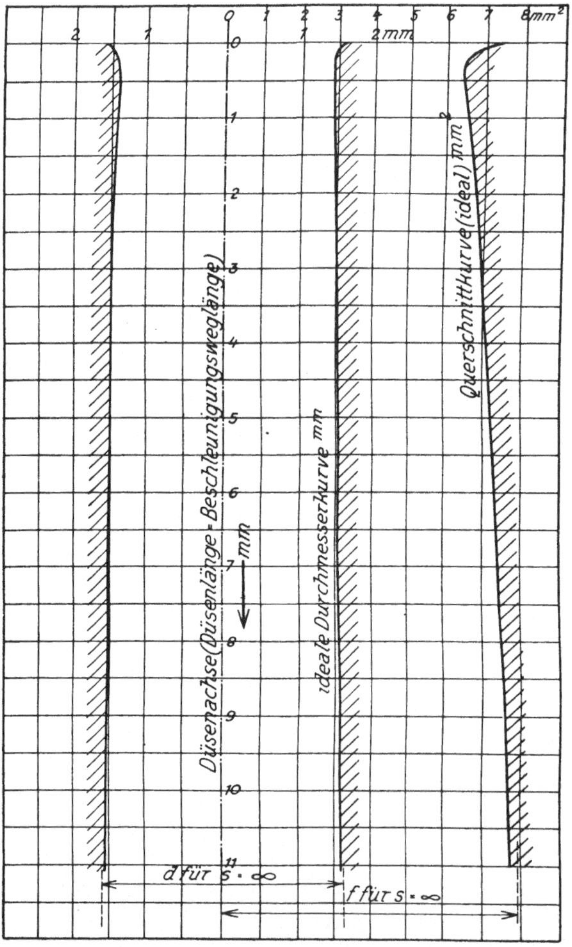

Schließlich wurde bei der idealen Düse angenommen, die beim ersten Zusammentreffen der Einblaseluft mit dem Brennstoff erfolgte Zerstäubungsgüte der Brennstoffteilchen bliebe während der Beschleunigung erhalten.

Auch diese Annahmen haben für die wirkliche Düse nur bedingte Gültigkeit.

Ein Teil der zu zerstäubenden Brennstoffteilchen wird nur ungleichmäßig von der Einblaseluft umströmt werden. Die Folge ist für diese Brennstoffteilchen, wie aus den theoretischen Untersuchungen des Zerstäubungsproblems hervorgeht, eine schlechtere Zerstäubung, die sich erst allmählich im Verlaufe des Beschleunigungsvorganges gegenüber den besser zerstäubten Brennstoffteilchen ausgleichen wird.

Düsenachse (Düsenlänge = Beschleunigungsweglänge)
ideale Durchmesserkurve mm
Querschnittkurve (ideal) mm
d für S=∞
f für S=∞
8 mm²
2 mm

Abb. 25. Idealer Düsenquerschnittsverlauf.

In Abb. 25 ist der Querschnittsverlauf über die Beschleunigungsweglänge (Düsenlänge) dargestellt, wie er sich aus der idealen allmählichen Beschleunigung der Brennstoffteilchen nach Abb. 15 ergibt. Tabelle 7 bildet die zahlenmäßige Grundlage zur Abb. 15.

Tabelle 7

Düsenlänge = Beschleunigungsweg $s\,^{mm}$	$w_b\,^{m/sec}$ nach Abb. 15	$w_l\,^{m/sec}$ nach Gleichung (15)	Querschnittfläche $f\,^{mm^2}$	Durchmesser $d\,^{mm}$
0,1	30	197,5	6,83	2,95
0,25	52	193	6,44	2,864
0,5	70	187,2	6,41	2,86
1	86	180,6	6,5	2,88
2	103	171,5	6,73	2,93
4	119	161	7,09	3,0
6	127,5	154	7,37	3,063
8	132	150,4	7,52	3,1
10	135	147,6	7,65	3,12
∞	141,5	141,5	7,95	3,18

Für $G_b = 1^g$, $\dfrac{G_b}{G_l} = 1$, $w_1 = 200\,m/sec$, $t = 0,025\,sec$.

Der Querschnittsverlauf ist allerdings unter der vereinfachenden Annahme eines konstanten spezifischen Einblaseluftgewichtes γ_l über die Beschleunigungsweglänge gerechnet, welche Annahme überhaupt dem ganzen Zerstäubungsproblem einschließlich der Beschleunigung in dieser Abhandlung zugrunde gelegt ist. Nehmen wir jedoch an, die der Druckdifferenz p_1 und p_2 entsprechende Einblaseluftenergie sei im Momente des Zusammentreffens mit dem vorgelagerten Brennstoff bereits ganz in Strömungsenergie umgewandelt — die Einblaseluftgeschwindigkeit w_1 auf S. 12 fußt auf dieser Annahme —, die Strömung vollziehe sich annähernd isothermisch (siehe S. 13), so sind die Voraussetzungen für diese rein hydrodynamische und nicht thermodynamische Berechnung des Querschnittsverlaufes gegeben.

Ist nun der Querschnittsverlauf des Beschleunigungsweges nicht dem idealen, sich allmählich erweiternden Querschnittsverlauf gleich, weist er z. B. allmähliche Verengung wie den Querschnittverlauf längs des konisch sich verjüngenden Nadelsitzes der Düsen der Abb. 4 und 5 auf, so wird nach den theoretischen Untersuchungen (S. 16) ein Zusammenfließen der zerstäubten Teilchen infolge der kleiner werdenden Relativgeschwindigkeit möglich und die anfänglich gute Zerstäubung wird verschlechtert.

Betrachten wir wieder vergleichend mit dem theoretischen Querschnittsverlauf der Abb. 25 den Querschnittsverlauf, wie er sich für die Düsenkonstruktionen der Abbildungen 4, 5 und 6 ergibt, so können wir folgendes feststellen:

Beim Plättchenzerstäuber der Abb. 4 ergibt sich über die Düsenlänge ein schematischer Querschnittsverlauf nach Abb. 26. Der Brennstoff ist auf den Zerstäuberplättchen vorgelagert. Die Einblaseluft

strömt in der Pfeilrichtung. Längs des Weges 1 bis 2 trifft die Einblaseluft auf vorgelagerten Brennstoff, den sie zerstäuben und beschleunigen
wird. Es ist also die Strecke 1 bis 2 eine Zone, in der Brennstoffteilchen
sowohl zerstäubt, als auch beschleunigt werden. In der übrigen Düsenlänge werden im allgemeinen die Brennstoffteilchen nur mehr beschleunigt werden und durch ungünstigen Querschnittsverlauf möglicherweise
zusammenfließen. Es besteht jedoch die Möglichkeit, daß bei plötzlichen
Querschnittsverkleinerungen eine weitere Zerstäubung eintritt: die Geschwindigkeit der Einblaseluft kann sich so weit erhöhen, daß, infolge
der durch die Reibungskraft stets nacheilenden (phasenverschobenen) Beschleunigung der Brennstoffteilchen, die Relativgeschwindigkeit zwischen
Brennstoffteilchen und Einblaseluft einen höheren Wert annimmt als die

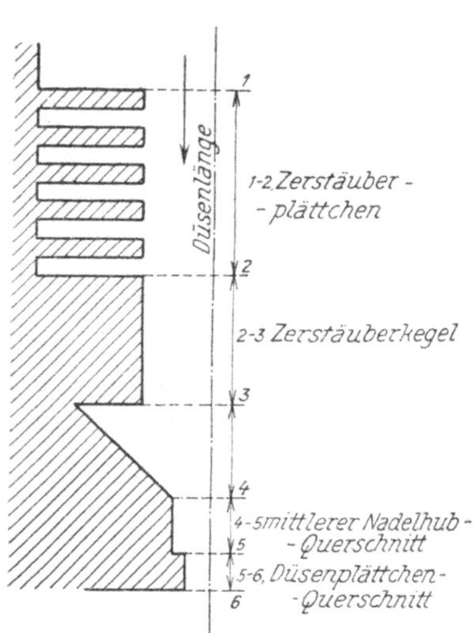

Abb. 26. Querschnittsverlauf eines
Plättchenzerstäubers (schematisch).

Geschwindigkeit der Einblaseluft im
Momente der ersten Zerstäubung,
was nach den Untersuchungen des
Zerstäubungsvorganges (siehe S. 16)
eine weitere Zerstäubung zur Folge
haben muß.

Der freie Querschnitt des Düsenplättchens ist über einen großen
Teil der Einblasezeit steuernder Querschnitt. Von ihm und von der Einblasezeit ist für eingegebenes Einblaseluftgewicht die Geschwindigkeit w_1
im Querschnitt 1 abhängig, von der
wiederum die Größe der zerstäubten
Flüssigkeitsteilchen abhängt. Sehen
wir von den Querschnittsvergröße-
rungen zwischen den Düsenplättchen
einerseits und Zerstäuberkegel anderseits ab, die nur bewegungsverzögernd
größere Reibungswiderstände zur
Folge haben, so haben wir von 1 bis 3
einen konstanten Querschnittsverlauf für den Beschleunigungsweg. Verglichen mit dem idealen Querschnittsverlauf nach Abb. 25, muß er
sowohl mit veränderlichem Verhältnis $\dfrac{G_b}{G_l}$ ein langsameres Fallen der
Einblaseluftgeschwindigkeit und damit eine schnellere Beschleunigung
der Brennstoffteilchen zur Folge haben, als es die theoretische Untersuchung nach Abb. 15 ergibt und kann deshalb ein Zusammenfließen
der zerstäubten Brennstoffteilbhen begünstigen.

Die Brennstoffteilchen dürften in 3, vergleicht man die theoretische
Beschleunigungslänge der Abb. 15 mit praktischen Ausführungen, bereits

annähernd dieselbe Geschwindigkeit wie die Einblaseluft besitzen. In 4 und 5 erfolgen nun Querschnittsverjüngungen. Querschnitt 4 ist nur ein Mittelwert des von 0 beim Eröffnen der Nadel bis zum größten Nadelhub freiwerdenden Querschnittes am Nadelkegel. 4 ist also zu Beginn und am Ende der Ventileröffnung kleiner als der freie Querschnitt des Düsenplättchens. Während dieses Teiles der Eröffnungszeit tritt hier die Querschnittsverkleinerung und damit eine eventuelle weitere Zerstäubung ein, falls die Relativgeschwindigkeit größer wird, als sie den im Querschnitt 1 zerstäubten und eventuell wieder zusammengeflossenen Teilchen nach Gleichung (8) entsprechen würde.

Den übrigen Teil der Einblasezeit ist die Querschnittsverkleinerung im Düsenplättchen 5. Aus dem gleichen Grunde wie früher kann eine weitere Zerstäubung auch hier eintreten.

Zusammenfassend können wir feststellen:

Der sich aus den theoretischen Untersuchungen des Zerstäubungsproblems ergebende Grundsatz, den Brennstoff in demjenigen Querschnitt der Einblaseluft beizufügen, der die größte Luftgeschwindigkeit und damit die größte Relativgeschwindigkeit zur Folge hat, da der vorgelagerte Brennstoff gegenüber den hohen Luftgeschwindigkeiten als im Ruhezustand befindlich aufgefaßt werden kann, erscheint bei der Plättchenzerstäuberdüse nicht erfüllt. Die Brennstoffteilchen werden in mehreren Etappen zerstäubt und beschleunigt. Ein Vorteil dieser etappenweisen Zerstäubung und Beschleunigung besteht darin, daß Teilchen, die während der Beschleunigung infolge der sich vermindernden äußeren Kräfte (Reibungskraft) ihr Volumen zu vergrößern suchten und sich bei gegenseitiger Berührung vereinigt haben könnten, von neuem zerstäubt werden.

Die Zerstäubungsgüte wird jedoch im allgemeinen weit unter der theoretischen Zerstäubungsgüte liegen, die bei idealem Querschnittsverlauf dem Druckgefälle zwischen p_1 und p_2 entspricht.

Der Spaltzerstäuber der Abb. 5 ergibt einen Querschnittsverlauf schematisch nach Abb. 27.

Der in d (Abb. 27) vorgelagerte Brennstoff wird durch den Spalt b von der Einblaseluft mitgerissen, zerstäubt und beschleunigt. Im engsten Querschnitt b erreicht die Geschwindigkeit der Einblaseluft ihr Maximum und wird dadurch der Forderung gerecht: Die Zerstäubung hat dort zu erfolgen, wo die Luftgeschwindigkeit am größten ist. Allerdings ist auch hier infolge des langen, wenn auch ohne große Querschnittsveränderungen sich ergebenden Beschleunigungsweges (Düsenlänge) die Möglichkeit eines Zusammenfließens der zerstäubten Teilchen nahegerückt. Durch die plötzliche Querschnittsverjüngung an der Düsenmündung kann jedoch aus dem gleichen Grunde, wie beim Plättchzerstäuber eine abermalige Zerstäubung die allenfalls zusammengeflossenen Teilchen neuerlich trennen.

Ein Vergleich zwischen Plättchenzerstäuber und Spaltzerstäuber entscheidet zugunsten des letzteren.

Beim Plättchenzerstäuber ist entgegen den theoretischen Forderungen, der Querschnitt, in welchem die erste Zerstäubung stattfindet, bedeutend größer. (Praktische Ausführungen zeigen im allgemeinen einen ungefähr drei- bis viermal größeren Querschnitt als der Steuerquerschnitt im Düsenplättchen beträgt.) Die Geschwindigkeit der Einblaseluft ist an dieser Stelle daher verhältnismäßig niedrig. Bei den folgenden Querschnittsverengungen im Zerstäuberkegel und Düsenplättchen kann die Relativgeschwindigkeit zwischen Brennstoffteilchen und Einblaseluft eine übermäßige Größe nicht mehr erreichen. Ein großer Teil des Arbeitsgefälles der Einblaseluft, der der Druckdifferenz von p_1 und p_2 entspricht, erscheint bereits zur Beschleunigung der Brennstoffteilchen aufgebracht. Ferner sind die Brennstoffteilchen vor der Querschnittsverengung bereits so weit beschleunigt, daß eine bedeutend höhere Relativgeschwindigkeit, als im Momente des ersten Zusammentreffens von Brennstoff und Einblaseluft, infolge der Querschnittsverjüngung sich nicht einstellen dürfte. Die absolute Luftgeschwindigkeit selbst wird infolge des durch die Beschleunigung aufgebrachten Arbeitsgefälles im Düsenmündungsquerschnitt an und für sich bedeutend niedriger sein, als es bei reiner Luftströmung unter Wegfall des Brennstoffes der Fall sein wird.

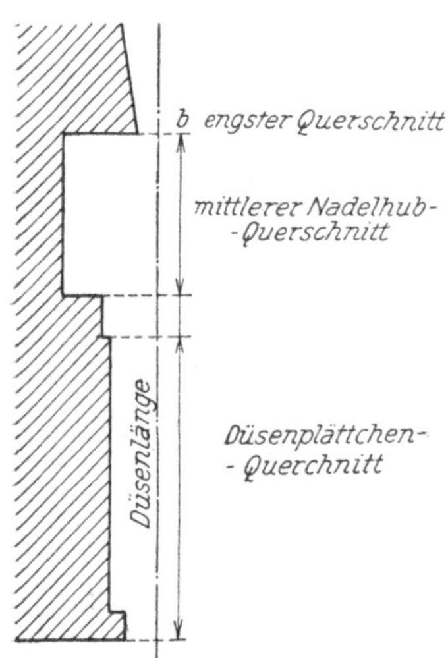

Abb. 27. Querschnittsverlauf des Spaltzerstäubers der Abb. 5 (schematisch).

Beim Spaltzerstäuber hingegen tritt das Maximum der Luftgeschwindigkeit annähernd im „Mischquerschnitt" auf. Da sich der Brennstoff in Ruhe befindet, so ist das zugleich die Relativgeschwindigkeit, die die Zerstäubungsgüte bedingt.

Es wird also der Zerstäubungsgrad bei Spaltzerstäubern dieser Konstruktion, die den theoretischen Forderungen nahezu gerecht wird, bedeutend günstiger sein, als beim Plättchenzerstäuber. Dieser Umstand dürfte auch ein Hauptgrund dafür sein, daß die Kruppsche Dieselmaschine, die mit dieser Düse ausgerüstet wurde, ohne weitere Maßnahmen für den Teerölbetrieb geeignet erscheint. Betrachten wir Abb. 8, so sehen wir, daß bei einer Relativgeschwindigkeit von

$w_r = 200\,m/\mathrm{sec}$ der Tröpfchendurchmesser im Durchschnitt $0{,}002\,mm$,
bei $w_r = 220\,m/\mathrm{sec}$ der Tröpfchendurchmesser im Durchschnitt
$\qquad$ $0{,}0016\,mm$,
bei $w_r = 280\,m/\mathrm{sec}$ der Tröpfchendurchmesser im Durchschnitt
$\qquad$ $0{\cdot}001\,mm$

beträgt. Setzen wir die Gesamtoberfläche der Tröpfchen für einen Durchmesser von $0{,}002$ mm gleich 1, so ist die Gesamtoberfläche für einen Tröpfchendurchmesser von $0{\cdot}0016$ m gleich $1{\cdot}44$ und für einen Durchmesser von $0{\cdot}001$ mm entsprechend der Relativgeschwindigkeit $w_1 = 280\,m/\mathrm{sec}$ gleich 2, was auf die Güte der Verbrennung in der Maschine, wie Untersuchungen zeigen, von ausschlaggebender Bedeutung ist. Eine Steigerung der Relativgeschwindigkeit von 200 auf $220\,m/\mathrm{sec}$ hat bereits eine solche Verbesserung der Zerstäubung zur Folge, daß die Gesamtoberflächen der zerstäubten Brennstoffteilchen bereits im Verhältnis $1 : 1{,}5$ stehen.

Schließlich seien noch die Querschnittsverhältnisse der **o f f e n e n D ü s e** (Abb. 6) untersucht. Den schematischen Querschnittsverlauf zeigt Abb. 28. Hier ist Zerstäubung und Beschleunigung wieder abgestuft. Im verhältnismäßig großen Querschnitt des Düsenkanals wird der Brennstoff zuerst zerstäubt und beschleunigt und dann, sozusagen gut aufbereitet, im freien Querschnitt des Düsenplättchens abermals zerstäubt und beschleunigt. Da der Düsenkanalquerschnitt im Verhältnis zum Düsenplättchenquerschnitt groß ist, verglichen mit einem Plättchenzerstäuber, so wird auch die Relativgeschwindigkeit im Momente der Querschnittsverjüngung eine bedeutend größere sein, als bei Plättchenzerstäuber und daher auch die Zerstäubungsgüte eine günstigere. Das beweisen auch die spitzen Indikatordiagramme, die ebenso eine Folge der guten Zerstäubung, wie auch der früher auf S. 53 erwähnten Ursache des zu großen Verhältnisses $\dfrac{G^b}{G_l}$ zu Beginn des Einblasens sind.

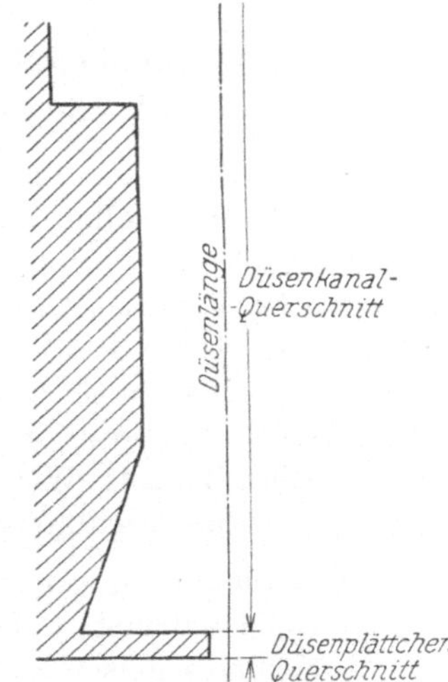

Abb. 28. Querschnittsverlauf der offenen Düse nach Abb. 6 (schematisch).

Fassen wir die Ergebnisse dieser Untersuchung der praktischen Düse kurz zusammen, so können wir folgende **G r u n d s ä t z e** für die **K o n s t r u k t i o n** von **B r e n n s t o f f d ü s e n** festlegen.

1. Die Vorlagerung des Brennstoffes in der Düse hat so zu er-

folgen, daß eine annähernd gleichmäßige Verteilung des eingeblasenen Brennstoffes über die Ventileröffnungszeit gewährleistet ist. ($\dfrac{G_b}{G_l} \sim$ konst.)

2. Der zu zerstäubende Brennstoff ist in jenem Querschnitt der Einblaseluft beizugeben, in welchem die Luftgeschwindigkeit ihr Maximum erreicht.

3. Der Beschleunigungsweg (Düsenlänge) in der Düse sei möglichst kurz gehalten, sein Querschnittsverlauf sei einfach (siehe Abb. 25), um einerseits ein Zusammenfließen der bereits zerstäubten Teilchen nach Möglichkeit zu verhindern, andererseits größere Energieverluste der Einblaseluft in der Düse durch Drosselungen zu vermeiden und so durch ein **Minimum an Einblasearbeit** den Gang der Maschine zu gewährleisten.

Damit schließen wir diesen Abschnitt und wenden uns im folgenden auf Grund der bisherigen Untersuchungen den Regulierproblemen des Einblasevorganges zu und untersuchen zunächst den einfachsten und, wie wir sehen werden, unwirtschaftlichsten Fall der Belastungsregelung.

8. Belastungsregelung bei konstantem Einblasedruck und konstanter Ventileröffnungszeit

Für die Untersuchung betrachten wir wieder die **ideale, verlust- lose Düse** und wollen annehmen, die Beschleunigung der Brennstoff- teilchen sei so weit erfolgt, daß eine nennenswerte Relativgeschwindig- keit zwischen Brennstoffteilchen und Einblaseluft an der Düsenmündung nicht mehr vorhanden sei. Es sei also die Brennstoffgeschwindigkeit am Austritt aus der Düse gleich der Geschwindigkeit der Einblaseluft. Die Maschine sei eine stehende, einfachwirkende Einzylindermaschine gewöhnlicher Bauart. Wir nehmen für alle Belastungen folgende Bestim- mungsgrößen als konstant an:

f Düsenmündungsquerschnitt,

p_1 Einblasedruck; daher ist auch w_1 konstant,

p_2 Kompressionsenddruck im Zylinder, der in diesem idealen Falle auch der Verbrennungsdruck sei,

n Tourenzahl pro Minute.

Als Hauptveränderliche haben wir das Brennstoffgewicht, abhängig von der jeweiligen Belastung. Wir nehmen an, es sei für Vollast das not- wendige Brennstoffgewicht pro Arbeitshub: $G_b = 1\ g$.

Einblaseluftgewicht pro Arbeitshub: $G_l = 1\ g$,
Tourenzahl der Maschine: $n = 200$ pro Minute,
Luftanfangsgeschwindigkeit: $w_1 = 260\ m/\mathrm{sec}$,

was bei einem Verbrennungsdruck $p_2 = 35$ Atm. einem $p_1 = 50{,}5$ Atm. nach der Gleichung der Isotherme entspricht.

Ferner mögen, wie für die bisherigen zahlenmäßigen Auswertungen, gelten:

Das spezifische Brennstoffgewicht: $\gamma_b = 900\ kg/m^3$,

das spezifische Luftgewicht: $\gamma_l = \dfrac{1}{0{,}027}\ kg/m^3$.

Dann bestimmt sich der notwendige Düsenmündungsquerschnitt f wie folgt:

$$f = f_l + f_b = \frac{G_l}{w_2 \cdot \gamma_l \cdot t} + \frac{G_b}{w_{b_2} \cdot \gamma_b \cdot t}.$$

Nehmen wir als theoretischen Durchschnittswert für die Ventileröffnung einen Kurbelwinkel von 30^0 vom inneren Totpunkt gerechnet, so ist daraus für $n = 200$, die Einströmzeit

$$t = \frac{60}{200} \cdot \frac{30}{360} = 0{,}025\ \text{sec}.$$

Ferner ergibt sich aus der Annahme $w_{b_2} = w_2$ und $\dfrac{G_b}{G_l} = 1$.

Für $w_1 = 260\ m/sec$ ergibt sich infolge der Zerstäubung nach Abb. 8 ein mittlerer Tröpfchendurchmesser von $0{,}00118\ mm$. Die Geschwindigkeit der Einblaseluft und der Brennstoffteilchen an der Düsenmündung $w_2 = w_{b_2}$ ergibt sich aus Abb. 16 mit $w_2 = w_{b_2} = 184\ m/sec$.

Tabelle 8

Brennstoffgew./Hub G_b^g	1	0,8	0,6	0,4	0,2
Einblaseluftgew./Hub G_l^g	1	1,08	1,17	1,265	1,37
G_b/G_l	1	0,74	0,513	0,316	0,176
$w_{b_2} = w_2\ ^{m/sec}$	184	197	211	226	243
Einblaseenergie L_1^{mkg}	3,44	3,72	4,025	4,35	4,71
$L_1\ ^0/_0$	100	136	195	316	684
$w_1\ ^{m/sec}$		260			
$p_1\ ^{at}$		50,5			
$p_2\ ^{at}$		35			
$f\ ^{mm^2}$		6,11			
n/min		200			
$t\ ^{sec}$		0,025			

Der Düsenmündungsquerschnitt f ergibt sich daher folgend:

$$f = \frac{10^{-3}}{0,025 \cdot 184}\left(0,027 + \frac{1}{900}\right) = 6,11 \cdot 10^{-6}\, m^2 = 6,11\ mm^2,$$

was einem Durchmesser der idealen Düsenmündung von $2,79\ mm$ entspricht.

Es ist ferner die Einblasearbeit

$$L_1 = G_l\,\frac{w_1^2}{2\,g} = 10^{-3}\,\frac{260^2}{2\,g} = 3,44\ mkg.$$

In der Tabelle 8 finden sich die entsprechenden Werte für ein Brennstoffgewicht von 1; 0,8; 0,6; 0,4; 0,2 g ausgerechnet.

Auf Grund dieser Tabelle sind in Abb. 29 die entsprechenden Zahlenwerte über der Belastung aufgetragen.

Die Zunahme des Brennstoffverbrauches mit der Belastung vollzieht sich theoretisch linear nach einer Gleichung $y = a + b\,x$, wobei x die Belastung und y den zugehörigen Brennstoffverbrauch pro Arbeitshub, also G_b darstellt. Die Abweichung von der Geraden ist an der wirklichen Maschine nur gering.

In Abb. 29 ist die Leerlaufarbeit mit 20 v. H. der Vollastarbeit angenommen.

Daraus ist die Lage der Geraden für den Brennstoffverbrauch mit der Belastung gegeben. Wir sehen aus der Abb. 29 vor allem das Steigen der Einblasearbeit $L_1\ \%$, im Verhältnis zur theoretisch notwendigen Einblasearbeit mit abnehmender Belastung. Während wir früher das lineare Gesetz für die Änderung der Einblasearbeit mit dem Brennstoffverbrauch abgeleitet haben, in der Weise, daß eine kleinere Brennstoffmenge auch eine proportional kleinere Einblasearbeit erfordert, tritt hier der umgekehrte Fall ein: mit fallendem Brennstoffverbrauch nimmt die Einblasearbeit übermäßig zu. Bei kleineren Belastungsschwankungen wird die nicht entsprechende Einblaseenergie keine Störungen hervorrufen, da sich die Maschine durch Änderung des mittleren Verbrennungsdruckes von selbst einregelt. Nehmen wir z. B. den Fall einer Belastungsänderung von Vollast auf Halblast. Der Einblasedruck bleibe unverändert. Zwischen dem Einspritzen eines Brennstoffteilchens und dem Verbrennen liegt immer ein gewisser Zündverzug, den wir früher auf S. 43 so berücksichtigt haben, daß wir sagten, die Verbrennung finde erst in b statt (Abb. 18). Ist nun die Einblasearbeit zu groß, so wird bei konstantem p_1 das mittlere Verhältnis $\dfrac{G_b}{G_l}$ kleiner. Das hat für die auf Vollast abgestimmte Düse (siehe S. 53) zur Folge, daß die Brennstoffverteilung über die Einblasezeit in größerem Maße veränderlich ist, als es dem Normalfall entspricht; es wird zu Beginn des Einblasevorganges verhältnismäßig zu viel Brennstoff eingeblasen. Die Verwirbelungsarbeit stellt sich infolge der übergroßen Einblasearbeit sehr günstig,

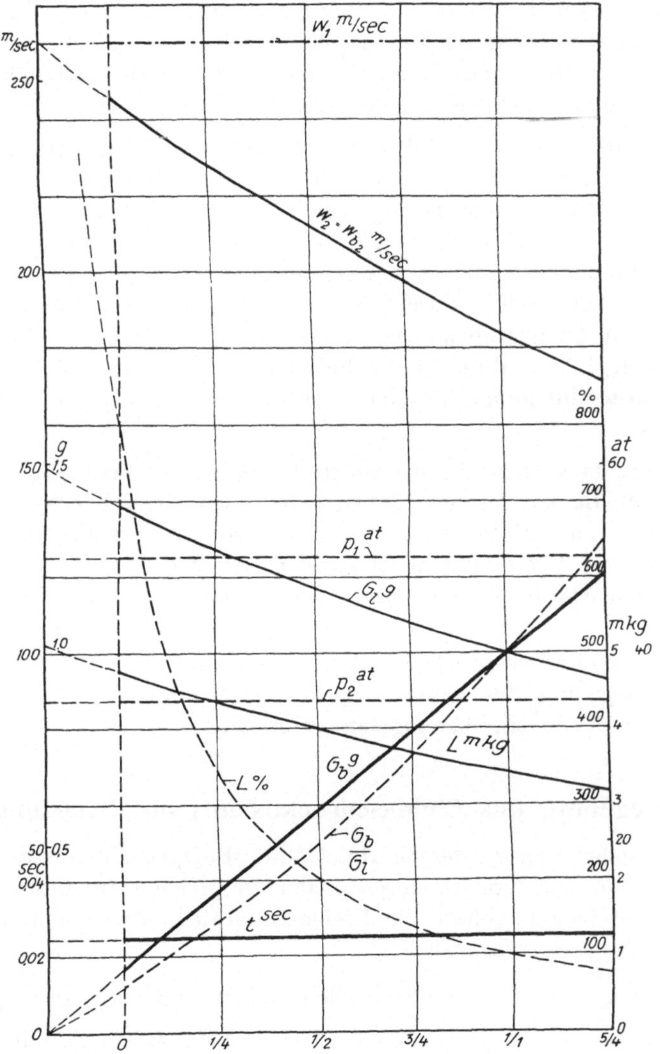

Abb. 29. Belastungsregelung bei konstantem Einblasedruck p_1 und
konstanter Ventileröffnungszeit.

was bei konstantem Zündverzug in Verbindung mit dem vom Kolben freigegebenen Zylindervolumen eine Steigerung des Verbrennungsdruckes zur Folge hat. Die Maschine regelt durch Erhöhung des mittleren Verbrennungsdruckes, also durch Verminderung des mittleren Einblaseüberdruckes von selbst die notwendige Einblaseenergie ein. Das geht natürlich nur innerhalb bestimmter Grenzen von Belastungsschwankungen. Ändert sich die Belastung zu sehr, so kommt die Maschine in der eben erwähnten automatischen Regelung nicht mehr nach, um so mehr, da die kalte Einblaseluft in immer größerem Maße verzögernd auf die Verbrennung wirkt.

Ist schließlich die Einblasearbeit für eine bestimmte Belastung übergroß, so ist nun auch der selbstregulierende Einfluß der Düsenkonstruktion (Zerstäuberplatten, beziehungsweise Spaltquerschnitt, siehe S. 51) nicht mehr so groß, daß er die Brennstoffausströmung über die Ventileröffnungszeit auch nur annähernd verteilt. Die zu große Verwirbelungsarbeit wird durch die kurze Brennstoffeinspritzzeit zur Bildung von Diagrammspitzen unterstützt, außerdem die Brennstoffdüse leergefegt, so daß bei kleinen Belastungen oder Leerlauf die Zündung des Brennstoffluftgemisches der nachfolgenden Arbeitshübe in Frage gestellt ist.

Anderseits verursacht bei zu großer Belastung (z. B. $^5/_4$ Belastung in Abb. 29) die zu geringe Einblasearbeit unvollständige Verbrennung und kann, eventuell bedingt durch die Düsenkonstruktion, den Brennstoff in der zur Verfügung stehenden Einströmzeit nicht mitreißen. Die Folge ist ein Abfall der Tourenzahl, im Grenzfall ein Stehenbleiben der Maschine.

Aus dem eben besprochenen Beispiel ist ohneweiters die Notwendigkeit der Regelung des Einblasedruckes und damit der Einblasearbeit bei konstanter Ventileröffnungszeit zu ersehen.

9. Regelung des Einblasedruckes mit der Belastung

Wir wollen uns wieder an Hand eines Beispieles den Vorgang vor Augen führen. Für Vollast mögen wieder die gleichen Werte wie im vorhergehenden Beispiel gelten. Die Einblaseenergie ändere sich proportional mit dem Brennstoffverbrauch.

Wir erhalten die entsprechenden Werte von w_1 aus $L_1 = \dfrac{w_1^2}{2\,g}$, $w_2 = w_{b_2}$ aus Abb. 16, die Größe der zerstäubten Brennstoffteilchen aus Abb. 8, p_1 nach der Formel:

$$\frac{w_1^2}{2\,g} = P_1\,v_1\,ln\,\frac{p_1}{p_2}.$$

Die Tabelle 9 enthält die entsprechenden ausgerechneten Werte für einen Brennstoffverbrauch pro Arbeitshub von 1; 0,8; 0,6; 0,4; 0,2 g.

In der Abb. 30 sind auf Grund der errechneten Tabellenwerte die entsprechenden Kurven über der Belastung aufgetragen.

Tabelle 9

G_b^g	1	0,8	0,6	0,4	0,2
G_l^g	1	0,96	0,905	1,82	0,7
G_b/G_l	1	0,834	0,663	0,488	0,286
$w_1{}^{m/sec}$	260	237	211	181	138,7
$w_{b2} = w_2{}^{m/sec}$	184	175	163,5	148	124
$L_1{}^{mkg}$	3,44	2,755	2,065	1,376	0,688
$L_1{}^0/_0$	100	100	100	100	100
Oberfläche$^{m^2} = O_z/1\,g\,G_b$	3,78	3,16	2,5	1,84	1,08
$p_1{}^{at}$	50,5	47,5	44,5	41,75	38,16
$p_2{}^{at}$			35		
f^{mm^2}			6,11		
t^{sec}			0,025		

Aus Abb. 30 erkennen wir folgendes: Der Einblasedruck ändert sich mit der Belastung nach einer schwach gekrümmten Kurve, die wir näherungsweise als Gerade annehmen können, von der Form $\eta = a + b\,\xi$, wobei η den Einblasedruck, ξ die Belastung der Maschine bedeutet. Wir tragen durch die Einführung der Geraden an Stelle der krummen Linie für p_1 auch der Verwirbelungsarbeit im Zylinder insoferne Rechnung, als bei kleinen Belastungen der Überschuß an Verbrennungsluft sehr groß, daher die notwendige Verwirbelungsarbeit kleiner als die errechnete sein wird, während umgekehrt mit größer werdender Belastung der Verbrennungsluftüberschuß immer kleiner wird und daher auch der Einblasearbeit ein intensiveres Verwirbeln zukommt, was einen größeren Arbeitsaufwand als den errechneten erfordert. Aus der Abb. 30 sehen wir ferner die Abnahme der Zerstäubungsgüte mit der Verringerung des Einblaseüberdruckes. Wie es sich in der Praxis zeigt, bedeutet dies keinen nennenswerten Nachteil. Es wird nämlich durch die schlechtere Zerstäubung und den damit bedingten größeren Zündverzug bei kleinen Belastungen eine etwa zu rasche, durch die Düsenkonstruktion bedingte, Brennstoffeinspritzung durch eine langsamer eingeleitete Verbrennung kompensiert und der sichere Gang der Maschine dadurch gewährleistet.

Wir wollen nun an Hand von Maschinenuntersuchungen das aufgefundene Gesetz der „Reguliergeraden" für die Einblasedruckregelung bestätigen. Soweit Untersuchungsmaterial vorliegt, diente es den jeweils

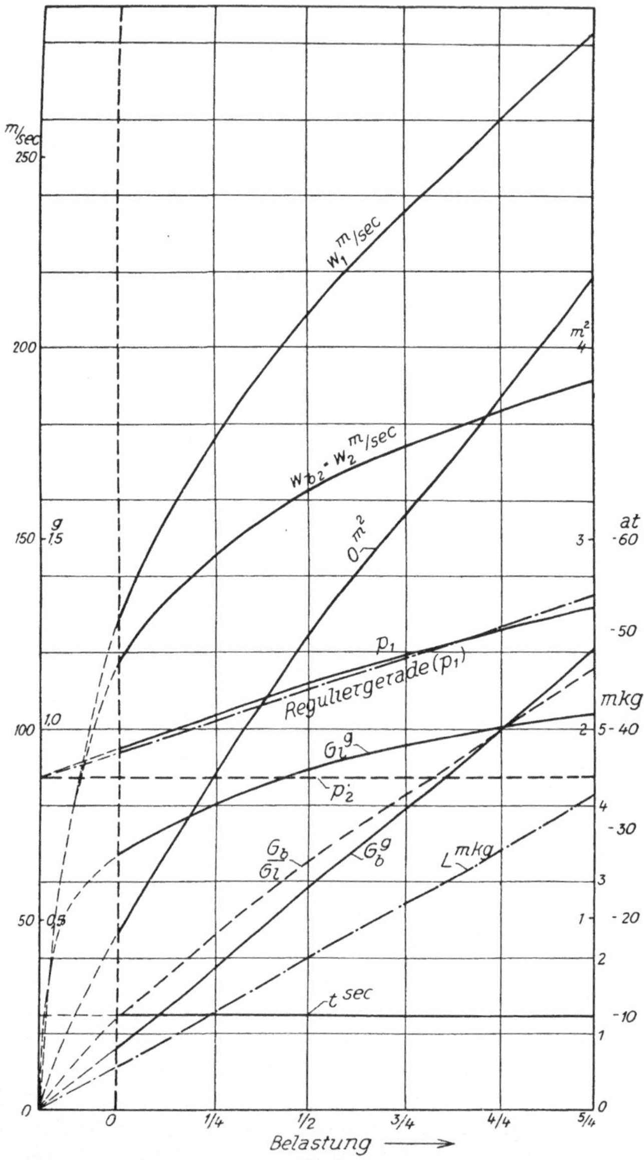

Abb. 30. Belastungsregelung durch Regelung des Einblasedruckes p_1 mit der Belastung.

Untersuchenden anderen Zwecken, als den hier gesuchten. Immer jedoch erscheint das Hauptaugenmerk darauf gerichtet, gute Wirkungsgrade an der zu untersuchenden Maschine zu erzielen.

Tabelle 10

Versuchs-Nr.	Umdrehun-gen/min = n	Indiz-Leistung N_i^{PS}	eff. Leistung = N_e^{PS}	Ölverbrauch pro Stunde B^{kg}	Einblasedruck p_1^{at}	Reduzierte Werte						Anmerkung
						n_{red}	$N_{i_{red}}^{PS}$	$N_{e_{red}}^{PS}$	B_{red}^{kg}	Drehmoment $M_d^{cm.kg}$	$G_{b_{red}}^g$	
1	106,6	1342	948	179	48		1347	952	180	637.500	7	n. Rosborg
2	106	1623	1237	226,5	53		1639	1248	228,5	835.000	8,9	
3	107	2022	1635	300	59		2022	1635	300	1,095.000	11,65	
4	105,3	—	1610	290	60		—	1636	294,5	1,095.000	11	
5	105,8	—	1615	288,6	59		—	1635	292	1,095.000	11	
6	105,4	2000	1612	289	59,5		2030	1635	293,5	1,095.000	11	
7	105,1	2128	1752	320	63	107	2165	1784	326	1,194.000	12,7	
8	108,4	2401	1958	375	77		2370	1935	370	1,295.000	14,4	
9	107,9	761,7	419,5	101	45		755	416	100	278.000	3,89	n. Flasche
10	106,9	1203,9	830	159,7	48		1204	830	160	555.000	6,225	
11	107,8	1614	1198	219	55		1603	1190	217,4	802.500	8,46	
12	105,3	2000	1611	288,5	58,5		2030	1638	289,5	1,095.000	11,26	
13	108,4	2401	1958	375	67		2370	1943	370	1,300.000	14,4	
14	87,3	1137	810	149	48		1120	798	147	665.000	7,125	n. Rosborg
15	84,7	1290	970	178	50		1310	985	181	820.000	8,77	
16	85,0	1582	1232	225	55	86	1600	1247	227,5	1,038.000	11	
17	87,4	1797	1456	270	57		1770	1432	266	1,193.000	12,9	
18	64,3	1142	930	169	48		1154	940	171	1,036.000	10,95	
19	65,2	970	746	134	48	65	967	743	133,7	819.000	8,57	
20	65,9	770	578	105,6	42,5		760	570	104	628.000	6,77	
21	45,2	496	375	70,8	38	45,2	496	375	70,8	595.000	6,53	

Die Ergebnisse dieser Untersuchungen stellen uns daher ein für unseren Zweck unbefangenes Zahlenmaterial zur Verfügung, um so mehr, als die angeführten Beispiele von Maschinen verschiedener Arbeitsweise (Zweitakt, Viertakt), Größe und Tourenzahl genommen wurden.

1. 2000 PS-Zweitakt-Vierzylinder-Schiffsdieselmaschine der Nobel Diesel AG. Die Untersuchungen stammen von Flasche, Z. d. V. d. I., 1922, S. 57; Rosborg, Z. d. V. d. I., 1922, S. 138.

2. 15 PS.-Dieselmotor der MAN. Untersuchung von Münzinger (Forschungsarbeiten 174, V. d. I., S. 17).

Tabelle 11

Versuchs-Nr.	Umdrehungen pro Min. $= n$	Brennstoffverbrauch $kg/Std.$	N_i^{PS}	p_1^{at}	n_{red}	Brennstoffverbrauch red	$N_{i_{red}}^{PS}$
1	251,2	2,017	13,10	53		1,930	12,5
2	239,4	2,250	14,22	59		2,255	14,25
3	257,7	2,635	16,87	62		2,660	17
4	233	3,030	18,81	58		3,120	19,4
5	235,5	3,272	20,28	67		3,340	20,65
6	237,5	3,320	19,41	54	240	3,360	19,6
7	236	3,198	20,23	63		3,225	20,6
8	238	3,295	19,30	50		3,325	19,5
9	236,2	3,470	20,70	58		3,525	21
10	235,8	3,783	19,61	50		3,850	20
11	229,3	4,835	24,73	67		5,050	25,9

3. 12 PS. Deutzer liegende Dieselmaschine mit offener Düse. Zwerger (Forschungsarbeiten 216 d. V. d. I., S. 28, 37, 42).

4. 200 PS-U-Boot-Dieselmaschine der Grazer Waggon- und Maschinenfabrik AG.

Betrachten wir zunächst Abb. 31 für die 2000 PS-Nobel-Dieselmaschine. Wir können bei allen drei Beispielen ($n = 107$, 86, 65) den Verlauf der Einblasedrucklinie bei Änderung der Belastung nach einer Geraden befolgen.

Ein anschauliches Beispiel bietet uns Abb. 32 als Auswertung des 15 PS-MAN.-Dieselmotors. Für Versuch 1, 2, 3, 4, 5, 7 liegen die Punkte des Brennstoffverbrauches fast genau in der idealen Geraden (siehe S. 62). Dementsprechend gruppieren sich die entsprechenden Werte des Einblasedruckes ebenfalls in unmittelbarer Nähe der gezogenen Reguliergeraden. Die kleinen Abweichungen dürften von dem schon früher erwähnten selbstregulierenden Einfluß der Maschine herrühren, durch

Tabelle 12

| Versuchs-Nr. | Umdrehungen pro Minute n | Indiz. Leistung N_i^{PS} | Ölverbrauch pro Stunde B^{kg} | Einblaseluft pro Stunde L_2^{kg} | Verbrennungsluft pro Stunde $L_1+L_2^{kg}$ | Reduzierte Werte | | | | | | Einblasedruck p_1 at | Anmerkung |
						n_{red}	$N_{i_{red}}^{PS}$	B_{red}^{kg}	L_{2red}^{kg}	$L_1+L_{2red}^{kg}$	L_{2red}^{kg}		
1	277,1	16,18	2,880	4,7	79,5		16,18	2,880	4,70	79,5	74,8	43	
2	278,5	16,70	2,950	3,2	70,5		16,60	2,940	3,18	70,1	66,92	42	
3	284,6	16,73	3,077	6,2	70,7		16,28	2,990	6,04	68,8	61,76	47	
4	277,3	16,40	3,080	5,8	64,4		16,40	3,080	5,80	64,4	58,6	46	
5	276,1	16,05	3,125	7,3	63,2		16,10	3,134	7,325	63,3	55,96	46	
6	283,2	10,85	1,754	5,4	83,3		10,60	1,716	5,28	81,5	76,22	45	Seite 28
7	276,7	10,58	1,778	3,5	72,0		10,58	1,778	3,50	72,0	68,5	45	
8	277,8	10,67	1,875	4,5	66,0		10,57	1,857	4,455	65,9	61,45	44	
9	283,2	11,39	1,940	5,5	60,9		11,14	1,900	5,38	59,6	53,22	42	
10	287,2	11,58	2,091	5,3	53,6	277	11,17	2,018	5,115	51,7	46,59	42	
11	286,6	5,01	0,825	3,6	84,1		4,845	0,7975	3,48	81,3	77,82	28	
12	285,2	5,04	0,837	3,7	77,6		4,90	0,814	3,60	75,4	71,8	29	
13	285	5,36	0,946	4,0	73,3		5,21	0,920	3,89	71,25	67,4	29	
14	283	6,30	0,998	3,7	64,8		6,165	0,977	3,62	63,4	59,78	29	
15	282,5	17,15	3,360	2,9	78,1		16,80	3,300	2,845	76,6	73,755	36	
16	285,9	17,56	2,964	4,8	81,0		17,10	2,870	4,65	78,5	73,85	46	
19	256	11,34	4,478	0,5	67,1		12,27	4,840	0,54	72,6	72,06	23	
20	273,9	10,61	1,875	1,1	78,2		10,72	1,895	1,112	79,0	77,89	27	
21	274,3	10,78	1,765	3,6	80,3		10,88	1,783	3,635	81,1	77,465	38	Seite 37
22	276,5	10,85	1,764	5,3	82,1		10,86	1,717	5,31	82,2	76,89	47	
24	279,6	3,85	0,792	2,1	82,9		3,815	0,785	2,08	82,1	80,02	25	
25	279,6	3,95	0,720	2,9	82,8		3,915	0,713	2,875	82,0	72,125	28	
26	279,6	3,85	0,680	4,2	83,6		3,815	0,673	4,16	82,8	73,64	33	
27	279,3	3,81	0,612	5,2	84,0		3,78	0,606	5,15	83,2	73,05	38	
28	285,8	17,30	2,880	5,3	81,3		16,75	2,790	5,13	78,8	73,17	60	S. 42

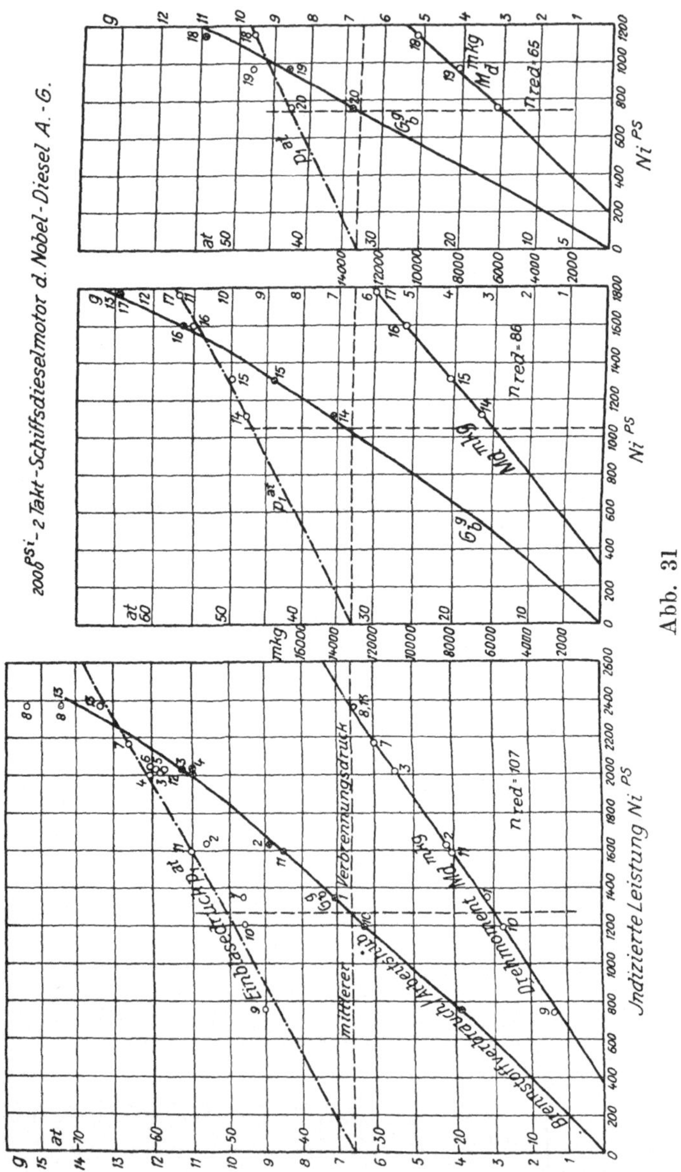

Abb. 31

veränderten mittleren Verbrennungsdruck den richtigen Einblaseüberdruck einzustellen. Daß dieses selbstregulierende Moment der Maschine
nur innerhalb kleiner Grenzen sich auswirkt, haben wir schon früher
festgestellt. Wir sehen es hier durch die Versuchspunkte 6, 8, 9, 10, 11

bestätigt. Bei zu geringem Einblasedruck, also zu geringer Einblasearbeit, steigt sofort der Brennstoffverbrauch. Es finden sich in der Forschungsarbeit die entsprechenden Indikatordiagramme nicht vor. Es ist jedoch ohneweiters aus diesem Ergebnis der Schluß erlaubt, daß bei den Versuchen 6, 8, 9, 10, 11 starkes Nachbrennen stattgefunden hat.

Beachtenswert ist auch Abb. 33, die Untersuchungen von Zwerger an einer liegenden Deutzer-Maschine mit offener Düse zur Grundlage

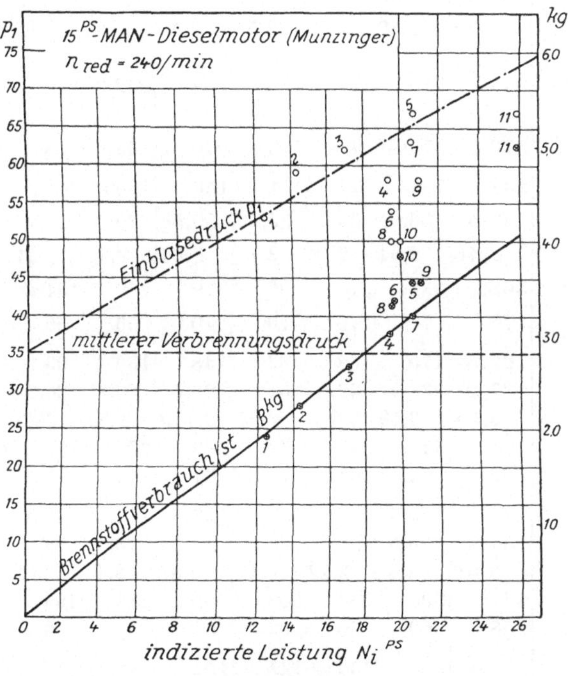

Abb. 32

hat. Die offene Düse weicht durch das stark veränderliche Verhältnis $\dfrac{G_b}{G_l}$ während der Einströmzeit sehr stark von der idealen Düse ab. Im großen und ganzen können wir jedoch auch hier die Änderung des Einblasedruckes mit der Belastung der angenommenen Reguliergeraden erkennen. Es sind in der Abb. 33 auch die Verbrennungsluftgewichte der Versuchspunkte eingetragen. Die Veränderlichkeit dieser Werte kommt daher, daß Zwerger die Maschine mit veränderlicher Drosselung der Ansaugluft untersuchte. Betrachten wir Versuche ungefähr gleicher Verbrennungsluftmenge, so muß dabei die Proportionalität der Einblaseenergie und dadurch annähernd die des Einblasedruckes mit der Belastung gewahrt

Tabelle 13

n	Manövrierzeiger	max. Fahrt	ganze Fahrt	7	6	5	4	3	2	1
450	eff. Leistung N_e^{PS}	216	200	185	180	166	158,5	110	76	—
	Ölverbr. Std. B^{kg}	46,4	39	35	34,4	33,2	31,8	25,8	23,3	—
	Ölverbr. pro Arb.-Hub G_b^g	3,38	2,89	2,59	2,55	2,46	2,355	1,92	1,725	—
	Drehmoment M_d^{mg}	344	318	294	286	264	252	175	121	—
	Einblasedruck $p_1{}^{at}$	70	70	70	70	70	58	58	54	—
400	N_e^{PS}	202	188	177	171	156	150,5	102,5	73,5	33
	B^{kg}/Std.	39,5	36,3	33,5	32,4	30,5	30	23,2	19,8	15,7
	G_b^g/Arb.-Hub	2,46	2,94	2,79	2,7	2,54	2,5	1,934	1,65	1,308
	M_d^{mkg}	362	336	317	306	279	269	184	131	59
	$p_1{}^{at}$	70	70	70	70	70	56	56	52	44
350	N_e	192,5	175	168	162	148	136	93	70	31,5
	B	37,2	33,5	32,2	31	28,5	26,8	20,2	18,2	13,8
	G_b	3,54	3,19	3,066	2,95	2,713	2,55	1,923	1,732	1,315
	M_d	394	358	344	332	303	278	190	143	64,5
	p_1	62	66	66	70	67	56	56	50	44
300	N_e	183	163,5	155	150	129,5	117,5	83,5	60	30
	B	34,9	30,6	29	28	25,3	23,4	18,1	16,2	12,2
	G_b	3,88	3,4	3,22	3,11	2,81	2,6	2,01	1,8	1,355
	M_d	437	390	370	358	309	281	199	143	71,5
	p_1	58	60	60	62	60	57	56	44	42
250	N_e	—	—	130	127	107	98	75	50	28
	B	—	—	24,4	24	21,7	19,9	16,2	13,5	10,8
	G_b	—	—	3,253	3,2	2,895	2,655	2,16	1,8	1,44
	M_d	—	—	373	364	307	281	215	143	80
	p_1	—	—	52	54	55	56	52	42	42
200	N_e	—	—	—	—	84	72,5	53	41	—
	B	—	—	—	—	17	15,2	12,2	10,6	—
	G_b	—	—	—	—	2,835	2,535	2,035	1,77	—
	M_d	—	—	—	—	301	260	189	147	—
	p_1	—	—	—	—	50	50	48	40	—
150	N_e	—	—	—	—	—	53,5	39,5	—	—
	B	—	—	—	—	—	12	9,4	—	—
	G_b	—	—	—	—	—	2,666	2,09	—	—
	M_d	—	—	—	—	—	256	189	—	—
	p_1	—	—	—	—	—	42	44	—	—

sein. Die Punkte 27, 6, 1 haben ungefähr gleiche Verbrennungsluftmenge. Beachten wir nun die Lage der entsprechenden Einblasedrücke zur Reguliergeraden und die entsprechenden Brennstoffverbrauche zur Brennstoffverbrauchskurve, so sehen wir 27 und 6 entsprechend dem idealen Vorgang, während 1 mit zu geringem Einblasedruck auch einen entsprechend höheren Brennstoffverbrauch aufweist. Dasselbe wie von 1 gilt auch vom Punkt 15 usw. Daß eine Anzahl der Punkte außerhalb

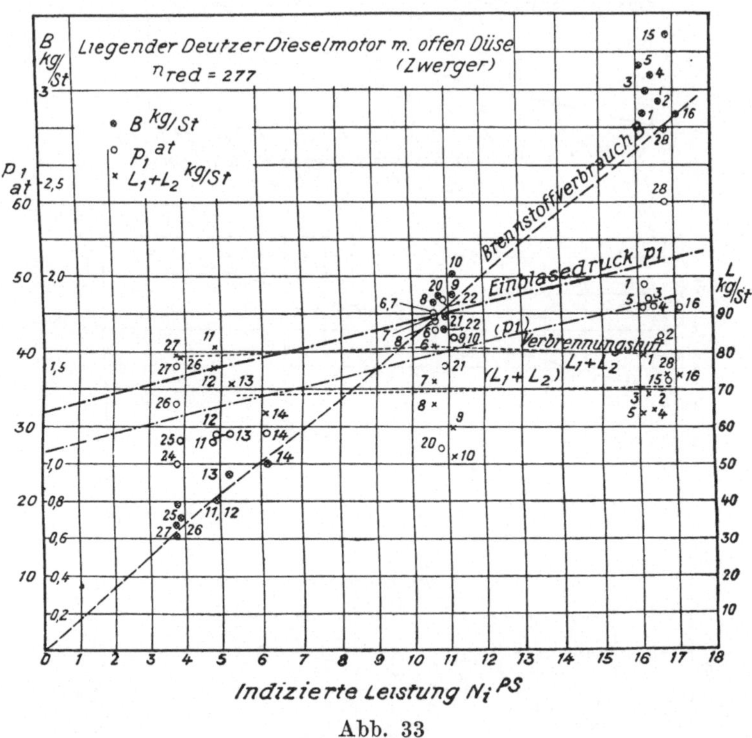

Abb. 33

des Gesetzes fällt, ist durch die bei der offenen Düse nur im weitläufigen Sinne beherrschten regelmäßigen Brennstoffgemische beim Einströmen bedingt.

Abb. 34 *a* und *b* zeigt die Auswertung eines Grazer U-Bootmotors. Sie rührt aus einer Reihe von Abnahmeversuchen für die ehemalige k. u. k. Kriegsmarine her. Auch an diesen Beispielen ist der Verlauf der Verbrennungspunkte mit der Belastung sehr interessant. Beispielsweise wurde bei $n = 450$ von 220 PSe—66 PSe das Drosselventil am Kompressor unverändert gelassen. Bei 58 PSe erst wurde der notwendige Einblasedruck wieder eingestellt, der nun plötzlich von 70 Atm. auf

58 Atm. fällt. Im Brennstoffverbrauch zeigt sich durch das Sinken des Einblasedruckes kein vergrößerter Brennstoffverbrauch. Die Verbren-

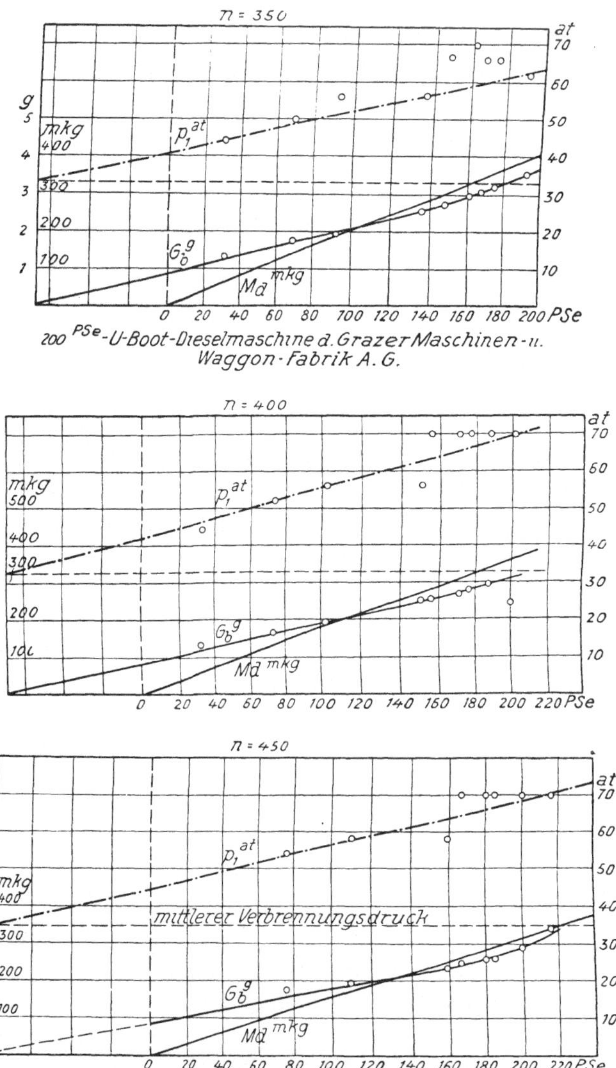

Abb. 34a

nungsgüte ist also die gleiche geblieben. Es ist daher die Lage der eingezeichneten Reguliergeraden durch die Lage der einzelnen Versuchspunkte direkt gegeben. Dieselbe Beobachtung kann man auch bei Belastungsänderung der anderen Tourenzahlen machen.

Noch einen Umstand müssen wir beobachten, der bei fast allen angeführten Beispielen zutrifft. Mit der Erhöhung des Einblasedruckes für eine konstante Belastung nimmt die Verbrennungsgüte und damit der Wirkungsgrad der Maschine zu. Es ist das eine bekannte Tatsache, die auch aus unseren bisherigen theoretischen Untersuchungen sich von selbst ergibt: Mit der Erhöhung des Einblasedruckes wird mit gleichzeitig besserer Zerstäubung der für die Verbrennung besser vorbereitete Brennstoff infolge der Düsenkonstruktion rascher eingeführt. Die bessere Zerstäubung bedingt einen kleineren Zündverzug. Die Folge

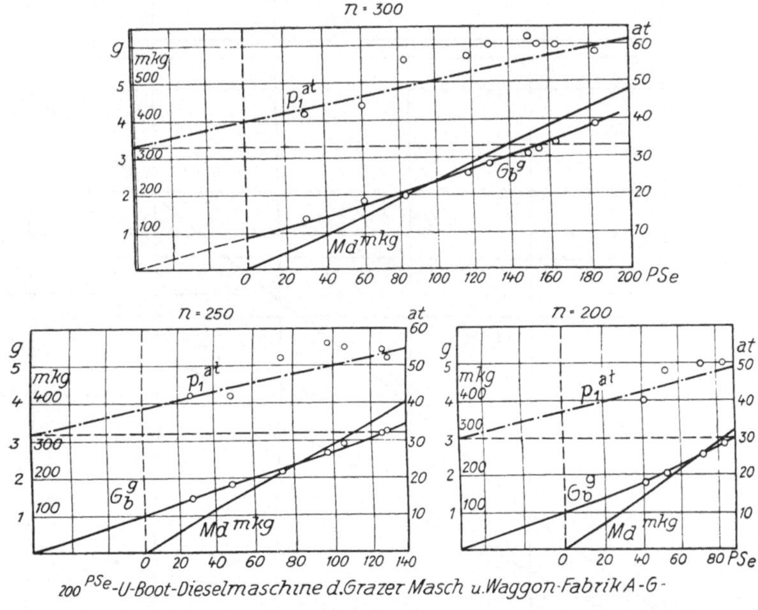

Abb. 34 b

ist eine schnellere Verbrennung mit starker Drucksteigerung. Thermodynamisch betrachtet, nähert sich das Gleichdruckverfahren dadurch dem Verpuffungsverfahren. Bei unendlich kurzer Einströmzeit, entsprechend bester Zerstäubung und hoher Einblaseenergie geht ja das Gleichdruckverfahren in das Verpuffungsverfahren über. Der thermodynamische Wirkungsgrad wird dadurch ein Optimum. Praktisch kann das jedoch wegen der schon beim Gleichdruckverfahren ohnehin stark beanspruchten Maschine nicht erwünscht sein. Da ein reines Gleichdruckdiagramm praktisch fast nie zutrifft, ist man unter Vereinigung beider Gesichtspunkte, u. zw. bei möglichst geringem Brennstoffverbrauch auch eine gewisse Lebensdauer der Maschine zu erhalten, gezwungen, den Einblasedruck über gewisse Grenzen nicht zu steigern.

Zusammenfassend läßt sich also feststellen: Die aus den theoretischen Untersuchungen gewonnene, durch die Praxis bewiesene Reguliergerade hat die Form $\eta = a + b\,\xi$. Sie schneidet die Ordinatenachse für den idealen Fall (Abb. 30) in der Höhe des Kompressionsenddruckes,

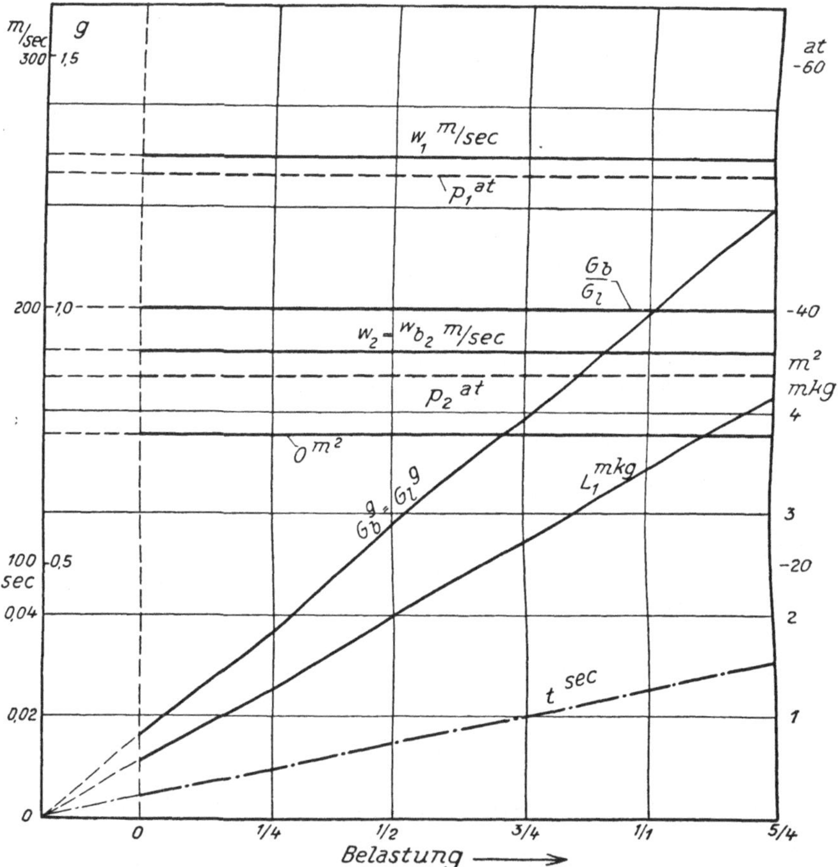

Abb. 35. Regelung der Einblaseenergie durch Änderung der Einströmzeit.

der hier in diesem idealen Fall gleich dem Verbrennungsdruck ist. In den praktischen Beispielen kömmt als Schnittpunkt der mittlere Verbrennungsdruck in Betracht, da die Einspritzung, beziehungsweise Verbrennung anfänglich unter Druckanstieg, dann unter Druckabfall vor sich geht. Kennen wir also von einer Maschine, z. B. für Vollast, den günstigsten Einblasedruck, ist uns die Leerlaufarbeit beispielsweise aus dem Indikatordiagramm bekannt, so sind wir dadurch in der Lage, graphisch auf die eben beschriebene einfache Art durch Aufzeichnen der Reguliergeraden den Einblasedruck jeder Belastung zuzuordnen.

10. Änderung der Einblaseenergie durch Änderung der Einströmzeit

Den idealen Vorgang der Einblaseenergieregelung unter voller Berücksichtigung der Düsenkonstruktion, der notwendigen Verwirbelungsarbeit und eines konstanten Zerstäubungsgrades stellt eine Regulierung vor, die bei Unveränderlichkeit der entsprechenden Werte nur die Einströmzeit mit der Belastung ändert, wobei der Ventileröffnungspunkt konstant zu halten ist. Da die Werte w_1, $\dfrac{G_b}{G_l}$ und $w_{b_2} = w_2$, ferner der Eröffnungspunkt unverändert bleiben und nur die Ventileröffnungszeit im Verhältnis der eingeblasenen Brennstoffmenge sich ändert, werden bei allen Belastungen theoretisch stets die gleichen Einströmverhältnisse und Verbrennungsverhältnisse vorhanden sein. Die Verbrennung wird bei allen Belastungen gleich gut sein. In Tabelle 14 sind die entsprechenden Werte ausgerechnet, wobei für Vollast die gleichen Zahlenwerte, wie in den früheren Beispielen gewählt wurden. Abb. 35 zeigt diesen Reguliervorgang im Diagramm. Eine restlose Erfüllung dieser Regelungsart ist jedoch praktisch konstruktiv unter Anwendung von Nocke und Rolle nur schwer durchführbar.

Tabelle 14

$G_b^{\,g}$	1	0,8	0,6	0,4	0,2
$G_l^{\,g}$	1	0,8	0,6	0,4	0,2
G_b/G_l			1		
$t^{\,sec}$	0,025	0,02	0,015	0,01	0,005
$w_1^{\,m/sec}$			260		
$w_{b_2} = w_2^{\,m/sec}$			184		
$L^{\,mkg}$	3,44	2,755	2,065	1,576	0,688
$L^{\,\%}$			100		
$p_1^{\,at}$			50,5		
$p_2^{\,at}$			35		

11. Ausgeführte Einblasedruckregelungen

In der Praxis wird die Regelung der Einblaseenergie durch Drosselung von Hand oder auch durch selbsttätige Drosselvorrichtungen am Einblasekompressor, ferner durch Einbau von Druckregelventilen in die Druckluftleitung zwischen Einblaseluftgefäß und Brennstoffventil vorgenommen. Ferner durch sogenannte Nadelhubregulierungen, wobei die Ventileröffnung und damit die Einblasearbeit durch Änderung des Ventilhubes oder der Eröffnungszeit verändert wird. Ich verweise

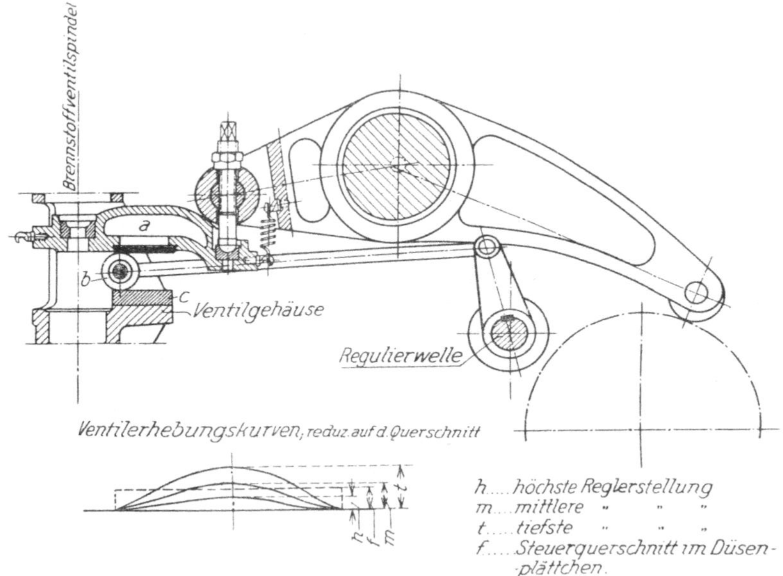

Abb. 36. Nadelhubregulierung.

besonders auf die Abhandlung von Ebermann: „Die Beeinflussung der Brennlinie bei Dieselmotoren", Z. d. V. d. I., 1920, S. 425, die auch als Sonderdruck erschienen ist. Dort finden sich die heute hauptsächlich verwendeten Einblaseregelungen abgebildet und beschrieben. Ich will hier im besonderen zwei Arten von Nadelhubregulierungen der Grazer Waggon- und Maschinenfabriks AG. beschreiben, die heute in der Literatur noch unveröffentlicht sind. Abb. 36 zeigt eine Nadelhubregulierung dieser Firma, die durch Veränderung des Nadelhubes die Einblaseenergie der Belastung anpassen soll. Die Übertragung der Nadelbewegung geht von der Nockenscheibe über Rolle und Hebel auf einen Wälzhebel a, der sich auf einer vom Regulator beeinflußten Rolle b abwälzt. Die Rolle ruht auf einer festen Wälzbank c. Die Brennstoffnadel wird durch die Bewegung des Wälzhebels a geöffnet. Die jeweilige

Lage der Rolle teilt den Wälzhebel in zwei Teile, deren Verhältnis nach dem Hebelgesetz maßgebend für die jeweils erreichte Ventilerhebung bei konstanter Nocke ist. Die schematischen Ventilerhebungskurven zeigen den Einfluß der Änderung des Nadelhubes mit der Belastung.

Abb. 37 zeigt die zweite Nadelhubregulierung dieser Firma. Sie reguliert die notwendige Einblasearbeit durch Veränderung der Ventil-eröffnungszeit und des Ventilhubes. Die Rolle a am Ventilhebel b ist exzentrisch gelagert. Durch die jeweilige Lagerung des Rollen-mittelpunktes auf dem Exzenterkreis ist die Entfernung der Rolle von der Nockenscheibe, damit der Zeitpunkt des Anhebens, der Nadelhub und der Zeitpunkt des Schließens veränderlich gemacht. Die Beein-flussung der exzentrisch gelagerten Rolle vom Regulator ist aus der Abb. 37 ersichtlich.

Der ideale Fall der Regelung durch Ände-rung der Einströmzeit verlangt aus thermo-dynamischen Gründen konstanten Eröffnungs-punkt bei allen Bela-

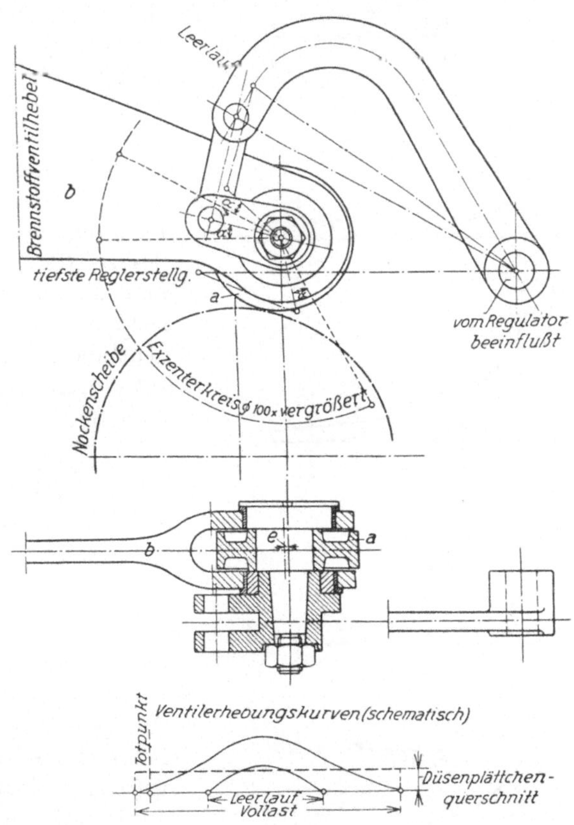

Abb. 37. Nadelhubregulierung.

stungen, was bei dieser Nadelhubregulierung nicht erreicht wird. In Abb. 37 sind auch schematisch die Ventilerhebungskurven für diese Regelung dargestellt. Aus der Konstruktion ergibt sich annähernd symmetrische Veränderung des Eröffnungs- und Schlußpunktes mit der Änderung des Rollenabstandes von der Nockenscheibe und damit mit der Änderung der Ventileröffnungszeit. Daß der Eröffnungspunkt mit kleinen Belastungen über den inneren Totpunkt nach rechts wandert, ist ein Nachteil, da der höchste Kompressionsdruck und damit die höchste Temperatur der Verbrennungsluft bereits mehr oder minder

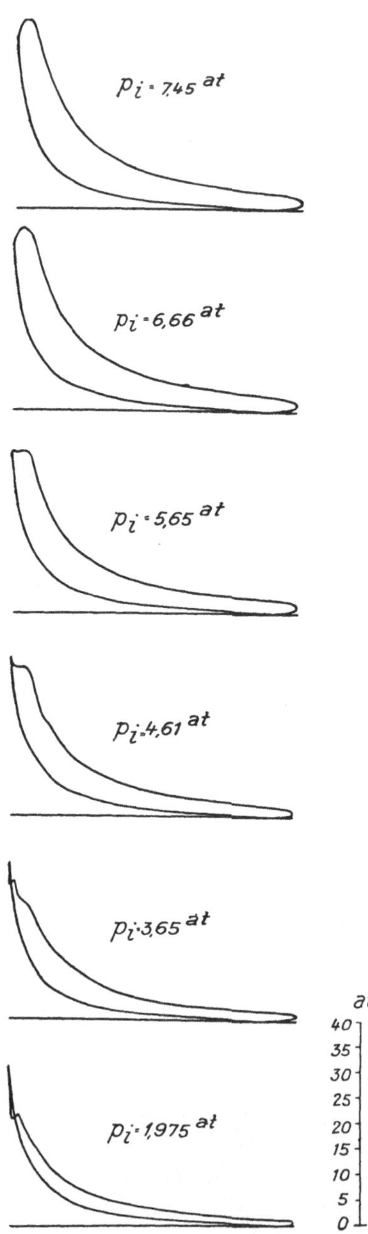

Abb. 38. Indikatordiagramme einer Dieselmaschine, ausgerüstet mit der Nadelhubregulierung der Abb. 37.

überschritten ist, wenn der Brennstoff eingespritzt wird. Doch zeigt sich in der Praxis diese Verschiebung des Eröffnungspunktes nicht so nachteilig, daß die Verbrennungsgüte und damit der Brennstoffverbrauch erkenntlich nachteilig beeinflußt würde. Die Regelung arbeitet gut und wird heute bei fast allen Kompressormaschinen dieser Fabrik ausgeführt. In Abb. 38 sind einige Diagramme, abgenommen von einer Maschine mit dieser Einblaseregelung, aufgezeichnet. Der Einfluß des zeitlich verschobenen Eröffnungspunktes zeigt sich bei kleinen Belastungen an diesen Diagrammen sehr deutlich. Sehr instruktiv sind die zugehörigen Entropiediagramme in Abb. 39.

12. Regelung des Einblasedruckes bei konstantem Drehmoment und veränderlicher Tourenzahl

Wir betrachten vorerst wieder den Fall an der idealen Düse und Maschine bei konstantem Einblasedruck und veränderlicher Tourenzahl. Als Ausgangspunkt der Berechnung nehmen wir den Vollastfall der vorhergegangenen idealen Beispiele für $n = 200$. In Tabelle 15 sind die entsprechenden Werte für $n = 250, 200, 150, 100$ ausgerechnet und in Abb. 40 die Werte der Tabelle 15 über n aufgetragen. Wir sehen mit dem Fallen der Tourenzahl das starke Ansteigen der Einblaseenergie entgegen der auf S. 49 entwickelten Änderung der Einblaseenergie. Sei z. B. an der wirklichen Maschine der für $n = 200$ angegebene Wert der Einblaseenergie richtig, so daß die annähernd gleichmäßige Verteilung des Brennstoffes über die Einströmzeit von $t = 0,025$ sec gewährleistet ist und anderseits die Einblaseenergie die notwendige Verwirbelungsarbeit aufbringen kann, so wird z. B. bei $n = 150$, da ja der Einblasedruck derselbe ist, infolge der Düsenkonstruktion der Brennstoff nun theoretisch in der gleichen Zeit von $t = 0,25$ sec ausströmen und in der Restzeit wird nur mehr Luft in den Zylinder einströmen. Das vom Kolben in der gleichen Zeit freigegebene Volumen ist aber nun kleiner, die Verwirbelungsarbeit

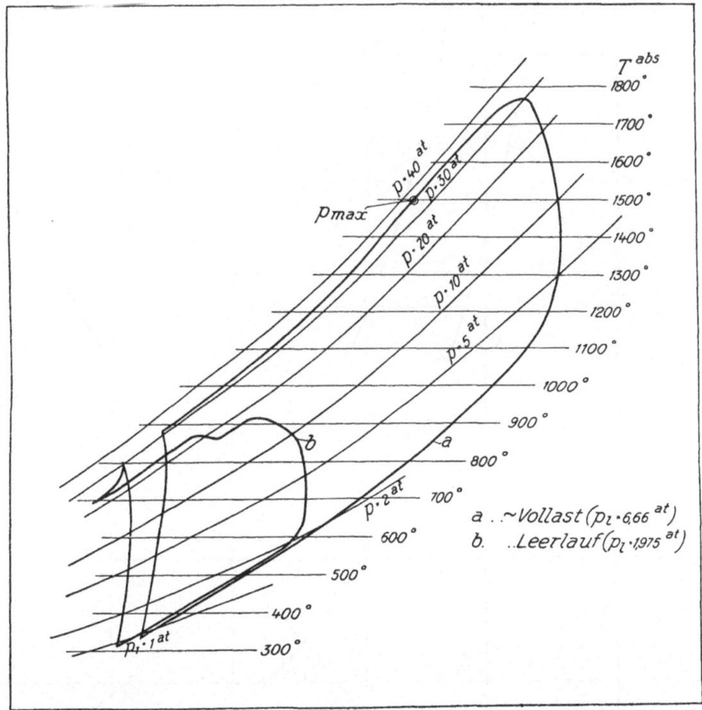

Abb. 39. Entropiediagramme der Vollast und Leerlaufdiagramme der Abb. 38.

jedoch ebensogut und der Zündverzug derselbe. Die Folge ist eine Drucksteigerung der Verbrennungslinie (Diagrammspitzen), abgesehen von der unnötigerweise nachströmenden Einblaseluft.

Diagrammspitzen sind unerwünscht, wie wir schon früher gesehen haben. Nur durch annähernd gleichmäßige Verteilung des Brennstoffes über die Einströmzeit kann die Brennlinie in den Grenzen kleiner Drucksteigerungen, die ja fast jedes Indikatordiagramm zeigt, gehalten werden. Wir sehen daraus die unbedingte Notwendigkeit der Regelung der Einblaseenergie und damit des Einblasedruckes mit der Änderung der Tourenzahl. Selbstverständlich wird sich auch hier in gleicher Weise

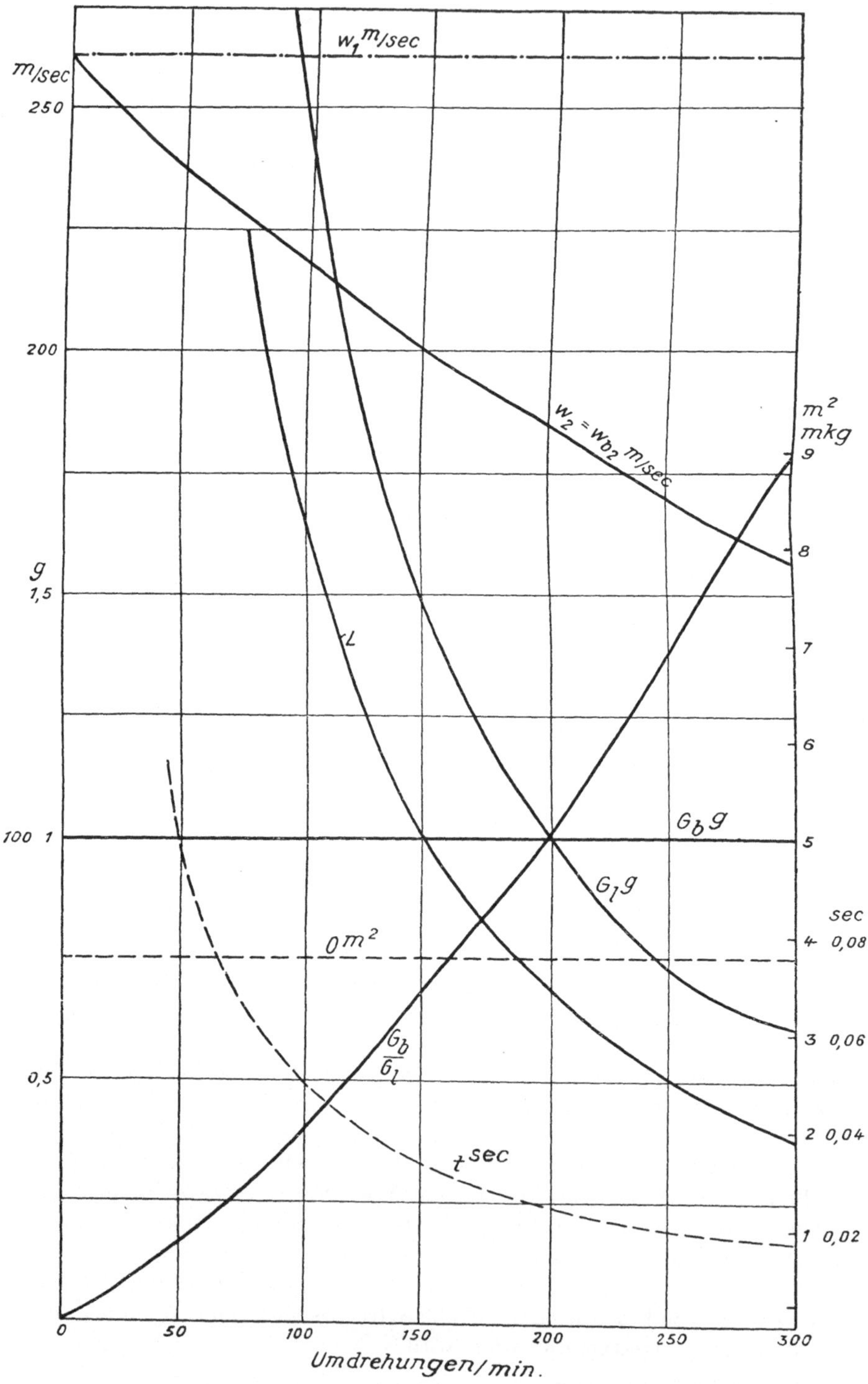

Abb. 40. Leistungsregelung bei konstantem Einblasedruck p_1.

wie früher bei kleinen Änderungen der Tourenzahl das selbstregulierende Moment der Maschine durch Veränderung des mittleren Verbrennungsdruckes dem Einblasedruck anpassen.

Tabelle 15

n/min	250	200	150	100
$G_b^{\,g}$	1	1	1	1
$G_l^{\,g}$	0,73	1	1,47	2,42
G_b/G_l	1,37	1	0,68	0,413
$w_1^{\,m/sec}$	260	260	260	260
$w_{b_2} = w_2^{\,m/sec}$	170	184	201	219
$L^{\,mkg}$	2,51	3,44	5,06	8,33
$O_z \sim O^{\,m^2}/1\,g\,G_b$	3,78	3,78	3,78	3,78
$t^{\,sec}$	0,02	0,025	0,033	0,05
$p_1^{\,at}$	50,5			
$p_2^{\,at}$	35			

Wir betrachten nun den Fall der Änderung der Einblaseenergie mit der Änderung der Tourenzahl, wobei wir wieder wie früher als Ausgang der Berechnung die entsprechenden Werte für $n = 200$ annehmen. Die Einblaseenergie ändert sich im quadratischen Verhältnis mit der Tourenzahl. Daraus ergeben sich dann die in Tabelle 16 ausgerechneten Zahlenwerte für $n = 100, 150, 200, 250$. In Abb. 41 sind diese Tabellenwerte in Abhängigkeit von der Tourenzahl dargestellt.

Wir · stellen aus Abb. 41 fest: Mit der Abnahme der Tourenzahl sinkt auch der Einblasedruck entsprechend der im quadratischen Verhältnis zur Tourenzahl abnehmenden Einblasearbeit. Man kann die Gleichung der p_1-Kurve für diesen idealen Fall für nicht zu große Tourenzahlveränderungen aufstellen, wenn man von der dann ebenfalls vernachlässigbaren kleinen Veränderung des G_l infolge des konstanten Steuerquerschnittes absieht. Dann können wir aufschreiben:

$$G_l \frac{w_1^2}{2\,G} = G_l\,P_1\,v_1\,ln\,\frac{r_1}{p_2} = c \cdot n^2$$

$G_l\,P_1\,v_1$ ist ein konstanter Wert, den wir mit c zusammenziehen. Wir erhalten dann

$$n^2 = c_1 \cdot ln\,\frac{r_1}{r_2} \qquad \text{oder}$$

$$\frac{n^2}{c_1} = ln\,\frac{p_1}{p_2} \quad \text{und schließlich}$$

$$p_1 = p_2 \cdot e^{\frac{n^2}{c_1}}.$$

Wie schon erwähnt, hat die Gleichung nur Gültigkeit innerhalb nicht zu großer Grenzen der Tourenzahlveränderung. Z. B. beträgt: für $n = 250$ $G_l = 0,99$, $p_1 = 62,2\,at$.

Wir erhalten nach der Gleichung:

$$n^2 = c_1 \cdot ln\,\frac{p_1}{p_2}\,\text{für}\,c_1\,\text{bei}\,n = 250$$

$$c_1 = \frac{250^2}{ln\,\dfrac{62,8}{35}} = \frac{250^2}{0,583} = 107.000$$

daher für $n = 200$

$$p_1 = p_2 \cdot e^{\frac{n^2}{c_1}} = 35 \cdot e^{0,374} = 50,9\,at.$$

Gegenüber dem früher in der Tabelle errechneten Wert von $p_1 = 50,5\,at$.

Tabelle 16

	250	200	150	100
n/min	250	200	150	100
$G_b^{\,g}$	1	1	1	1
$G_l^{\,g}$	0,99	1	0,995	0,99
G_b/G_l	1,01	1	1,005	1,01
$L_1^{\,mkg}$	5,375	3,44	1,935	0,86
$w_1^{\,m/sec}$	326	260	195	130,5
$w_2 = w_{b_2}^{\,m/sec}$	228,5	184	137	91,5
$t^{\,sec}$	0,2	0,025	0,033	0,05
$p_1^{\,at}$	62,2	50,5	43	38,4
Tröpfchen $\oslash$ $2\,r_1^{\,mm}$	0,0008	0,0011	0,0021	0,0046
$p_2^{\,at}$	35	35	35	35
$(p_1)^{\,at}$	56,4	50,5	45,4	41
$(w_1)^{\,at}$	296	260	219	176,5
$(2\,r_1)^{\,mm}$	0,0009	0,0011	0,00165	0,00270

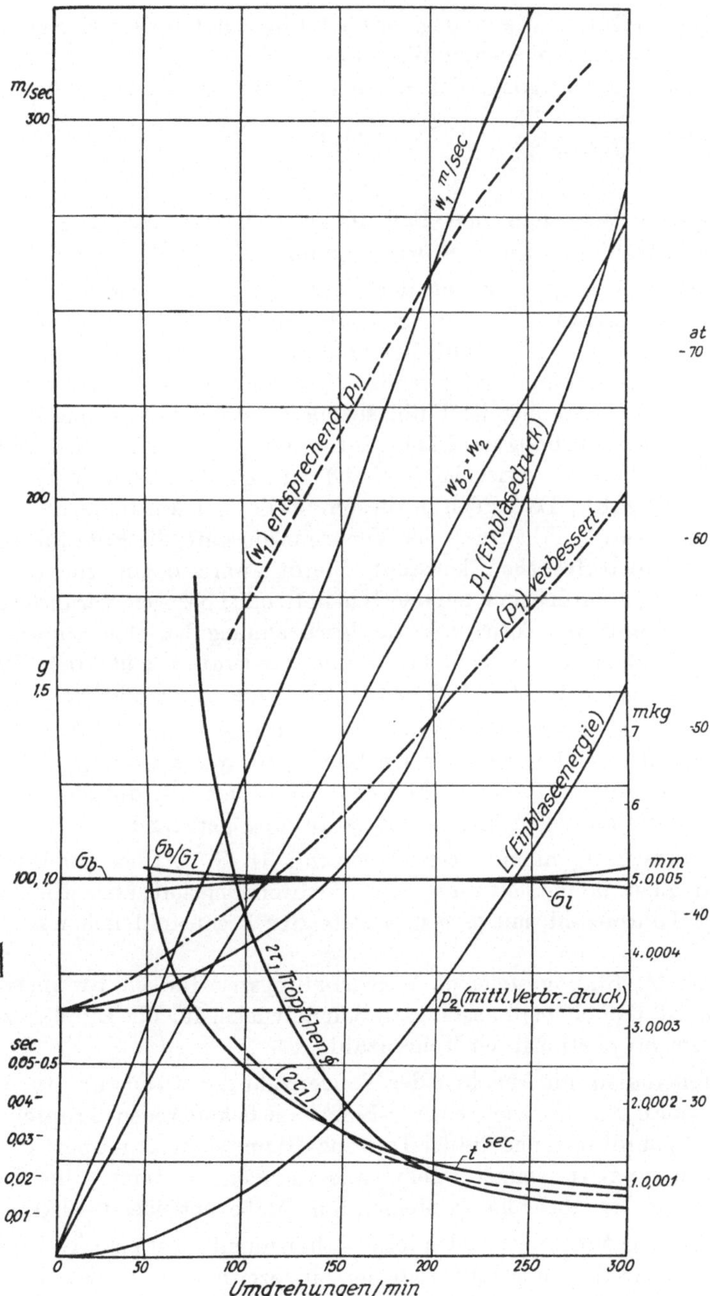

Abb. 41. Leistungsregelung unter gleichzeitiger Regelung
des Einblasedruckes p_1, (p_1).

Wir haben durch Anwendung der eben abgeleiteten Formel gegenüber dem früher genau gerechneten Wert einen Fehler von 0,8% gemacht, oder mit Berücksichtigung, daß eigentlich nur der Einblaseüberdruck wirksam ist: $\dfrac{50,5 - 35}{50,9 - 35} = 0,975$, was in erlaubten Grenzen gehalten erscheint.

Betrachten wir nun den Fall einer Tourenveränderung an der wirklichen Maschine, so müssen wir folgendes beachten:

Wie Abb. 41 zeigt, sinkt mit der Verringerung der Tourenzahl auch der Zerstäubungsgrad. Daß der Zerstäubungsgrad bei Verringerung des Einblasedruckes schlechter wird, hat seinen Grund in der Verringerung der für die Zerstäubung maßgebenden Luftanfangsgeschwindigkeit w_1. Der Idealfall der Regelung der Einblasearbeit müßte wohl so beschaffen sein, daß der Zerstäubungsgrad konstant bliebe. Denn nur dann ändert sich Einblasearbeit (Verwirbelungsarbeit) im quadratischen Verhältnis mit der Tourenzahl. Da jedoch in diesem Falle, bei Annahme ungefähr konstanter Zustandsverhältnisse der Verbrennungsluft, die Entzündungszeit der Brennstoffteilchen konstant bleibt, wäre damit theoretisch einerseits der Einblasebeginn, auf den Kurbelwinkel bezogen, veränderlich zu machen, damit im Totpunkte die Verbrennung beginne, anderseits müßte mit Änderung der Tourenzahl der Steuerquerschnitt der Düse geändert werden. Das ist jedoch praktisch kaum durchführbar.

Nach Abb. 41 nimmt der Tröpfchendurchmesser mit der Abnahme der Tourenzahl ungefähr nach einer e-Kurve zu, was aus der p_1-Kurve, die annähernd eine e-Kurve ist, in Verbindung mit den früheren theoretischen Untersuchungen über die Zerstäubung hervorgeht.

Der Zündverzug nimmt nach Gleichung 34 (S. 127) bei annähernd konstanten Zustandsverhältnissen der Verbrennungsluft über die Änderung der Tourenzahl, mit dem Quadrate der Brennstoffteilchendurchmesser zu.

Die zur Verfügung stehende Verwirbelungszeit für ein Brennstoffteilgewicht ist jedoch bei konstantem Kurbelwinkel für die Einblasezeit nur verkehrt proportional der Tourenzahl.

Es streben also mit Abnahme der Tourenzahl der Zündverzug, der mit dem Quadrate des nach einer e-Kurve sich ändernden Tröpfchendurchmessers zunimmt, und die der Tourenzahl nur verkehrt proportionale Verwirbelungszeit immer mehr auseinander, wodurch die Verbrennungsgüte der Maschine in steigendem Maße notleidend wird.

Aus den angeführten Gründen folgt daher unmittelbar eine Änderung der Einblasedrucklinie ungefähr nach der eingezeichneten (p_1)-Kurve, um Verwirbelungsarbeit, Verwirbelungszeit und Zerstäubungsgrad und damit Zündverzug einander anzugleichen.

Ferner hat die Ansaugeluft im Zylinder an und für sich infolge des Einströmens durch das Einlaßventil eine ganz bestimmte Strömungsenergie, die bei **konstanter Tourenzahl** am Beginn der Brennstoffeinspritzung für alle Belastungen annähernd immer die gleiche Größe haben wird und immer im gleichen Sinne günstig oder ungünstig auf die aufzubringende Verwirbelungsarbeit wirken wird. Daher auch die fast volle Übereinstimmung der praktischen und der idealen Einblasedrucklinie mit der Änderung der Belastung. Infolge der Tourenveränderung ändert sich jedoch für die Ansaugeluft einerseits die Größe der Strömungsenergie, anderseits der Liefergrad. Daher muß sich auch der Einfluß der Strömungsenergie auf die aufzubringende Verwirbelungsarbeit mit der Tourenzahl ändern. Es muß auch aus diesem Grunde die wirkliche Regulierkurve von der idealen mehr oder minder abweichen. Ferner müssen wir noch bedenken, daß sich der spezifische Brennstoffverbrauch mit der Tourenzahl ebenfalls ändert, daher dem gleichen Drehmoment bei verschiedener Tourenzahl ein anderer Brennstoffverbrauch pro Arbeitshub entspricht, was wieder eine Abweichung von der idealen Regulierkurve bedingt.

In Abb. 42 sind für die 2000 PS-Nobel-Dieselmaschine aus den Regulierkurven der Abb. 31 bei konstantem Drehmoment die Werte für den Einblasedruck entnommen und über den entsprechenden Tourenzahlen aufgetragen. In gleicher Weise findet sich in der Abb. 43 die entsprechende Regulierkurve für die U-Bootmaschine der Grazer Waggon- und Maschinenfabrik AG., ausgewertet aus den Abb. 34 *a, b* für kon-

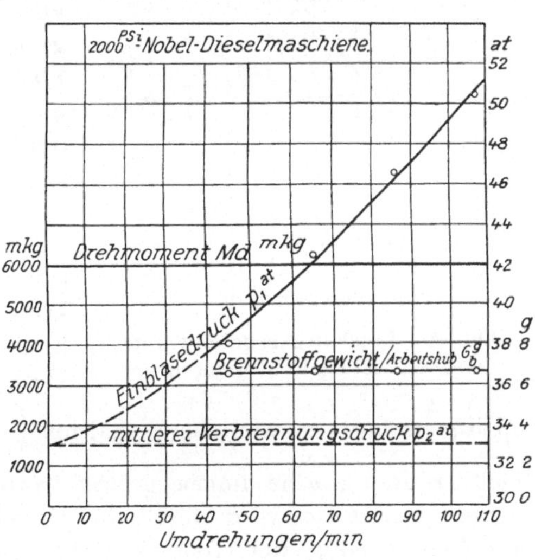

Abb. 42. Leistungsregelung einer 2000 PS-Nobel-Dieselmaschine.

stantes Drehmoment. Die Änderung des Brennstoffgewichtes pro Arbeitshub mit der Tourenzahl findet sich ebenfalls eingetragen.

Wir sehen an diesen Auswertungen praktischer Versuche die Übereinstimmung des Kurvencharakters mit der Regulierkurve (p_1) in Abb. 41 gewahrt, also auch hier eine Bestätigung der theoretischen Überlegungen.

Für die Änderung des Einblasedruckes bei veränderlichem Drehmoment und veränderlicher Tourenzahl erhalten wir eine Schar von Regulierkurven, was aus den vorhergehenden Untersuchungen ohneweiters hervorgeht.

Die Tourenzahlveränderung an wirklichen Maschinen ist im allgemeinen nur innerhalb gewisser Grenzen möglich, soll der Betrieb einwandfrei und wirtschaftlich bleiben und ruhiger Gang der Maschine gewährleistet sein. Der Grund ist, wie wir schon früher erkannt haben, daß nur innerhalb gewisser Grenzen eine wirklich gute Übereinstimmung von Düsenkonstruktion und notwendiger Einblaseenergie zu erreichen ist, die in gleich günstiger Weise Düse und notwendige Verwirbelungsarbeit berücksichtigt und damit eine annähernd gute Verbrennung liefert.

Bei Erhöhung der Tourenzahl verschlechtert sich der Lieferungsgrad, während die notwendige Einblasearbeit und damit der Einblasedruck stark steigt, so daß nach oben der Tourenzahlveränderung dadurch eine Grenze gezogen ist.

Die untere Grenze der Tourenzahlveränderung findet ihren Hauptgrund in der unzulänglichen Düsenkonstruktion. Durch den immer kleiner werdenden regulierenden Einfluß der Düsenplättchen, bzw. des

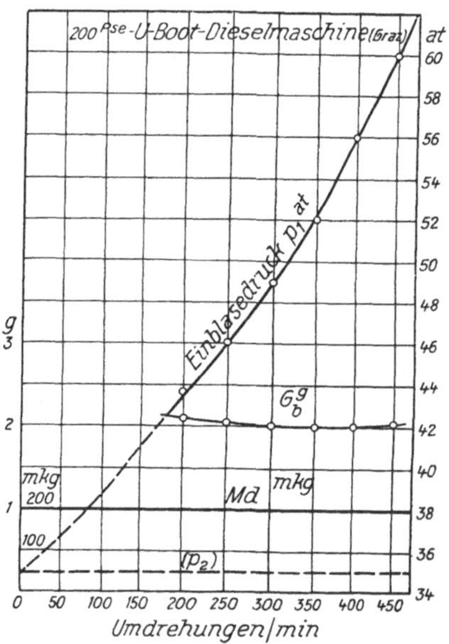

Abb. 43. Leistungsregelung einer 200 PS-U-Boot-Dieselmaschine.

Spaltquerschnittes muß das Verhältnis $\dfrac{G_b}{G_l}$ von Beginn gegen Ende jeder Ventileröffnung eine immer größer werdende Ungleichförmigkeit aufweisen, anderseits wird durch die Herabsetzung des Einblasedruckes mit Verringerung der Tourenzahl die Zerstäubung immer schlechter, Reinfegen der Düse, Ausbleiben der Zündungen, schlechte Verbrennung infolge schlechter Zerstäubung und damit unregelmäßiger Gang der Maschine ist die Folge.

Wir sehen sowohl aus der idealen, wie aus der praktischen Regulierkurve, daß wir innerhalb nicht zu großer Grenzen das betreffende Stück der Regulierkurve durch eine Gerade ersetzen können. Wir haben dadurch die Möglichkeit, auf graphischem Wege den notwendigen Einblasedruck für Tourenzahlen innerhalb der Grenzen zu bestimmen, wenn uns durch Versuch die Einblasedrücke der Grenzlagen bekannt sind.

Es kann auch der Fall eintreten, wie aus der korrigierten (p_1)-Kurve der Abb. 41 hervorgeht, daß die **Regulierkurve** für konstantes Drehmoment bei Veränderung der Tourenzahl eine **Gerade** wird von der Form $y = ax$, wobei y den Einblasedruck, x die Umdrehungszahl der Maschine bedeutet. Das hängt natürlich von der Düsenkonstruktion, der Bauart der Maschine usw. ab. Es ist auch die Gerade nach den bisherigen Überlegungen auf Seite 86 eine mögliche Form der Regulierkurve für diese Art der Regelung.

Genaue zahlenmäßige, allgemein gültige Werte des notwendigen Einblasedruckes lassen sich weder hier bei der Tourenzahlveränderung, noch früher bei der Belastungsregelung angeben, da ja schließlich jede Maschine, infolge verschiedener konstruktiver Durchführung, genau genommen einen anderen Einblasedruck verlangt.

Zusammenfassend können wir sagen, daß nur innerhalb bestimmter Grenzen von Tourenzahlenveränderungen und Leistungen für eine gegebene Maschine ein und dieselbe Düse genommen werden kann, soll der Betrieb wirklich wirtschaftlich und betriebsicher bleiben.

13. Die Bestimmung des Düsenplättchenquerschnittes

Zur bestmöglichsten Ausnützung müßte je nach Leistung und Tourenzahl jede Maschine als Folge der günstigsten Verhältnisse von notwendiger Zerstäubungs- und Beschleunigungsarbeit in der Düse, der besten Verwirbelungsarbeit, der Einströmzeit und des günstigsten Verhältnisses $\dfrac{\text{Brennstoffgewicht}}{\text{Einblaseluftgewicht}}$ eine andere Düse besitzen. Daß man innerhalb gewisser Grenzen für Maschinen verschiedener Leistung und Umdrehungszahl ein und dieselbe Düse mit konstantem Düsenplättchenquerschnitt verwendet, die Düsen im gewissen Sinne also normalisiert hat, ist in der Wirtschaftlichkeit der Werkstattherstellung begründet. Wir wollen später noch im besonderen darauf zurückkommen.

Schreiten wir nun an die Bestimmung des wichtigsten Querschnittes der Brennstoffdüse, des Steuerquerschnittes im Düsenplättchen, so müssen wir von der Gleichung ausgehen:

$$f = f_l + f_b = \frac{G_l}{\gamma_l \cdot t \cdot w_2} + \frac{G_b}{\gamma_b \cdot t \cdot w_{b2}}.$$

Die Geschwindigkeiten w_2 und w_{b2} sind, wie die vorhergehenden Untersuchungen zeigen, in erster Linie vom Einblasedruck und dem Verhältnis $\dfrac{\text{Brennstoffgewicht}}{\text{Einblaseluftgewicht}} = \dfrac{G_b}{G_l}$ abhängig.

Was ist für die Bemessung des Verhältnisses $\dfrac{G_b}{G_l}$ bestimmend?

Beachten wir die notwendige Veränderung der im ungefähr quadratischen Verhältnisse mit der Tourenzahl sich ändernden Einblaseenergie, beachten wir ferner, daß die Einblaseenergie sowohl vom Einblasedruck, als auch vom eingeblasenen Luftgewicht abhängt, so ist das Streben, bei höherer Tourenzahl die notwendige Einblasearbeit durch Vergrößerung des Luftgewichtes zu erreichen, gegeben, um so mehr, da dem Einblasedruck nach oben eine Grenze — worauf wir noch später zurückkommen wollen — gezogen ist. Es wird dementsprechend bei geringer Tourenzahl das Verhältnis $\dfrac{G_b}{G_l}$ einen größeren Wert haben, als bei höheren Tourenzahlen.

Als Berechnungsgrundlage sei wieder eine ideale Düse von solcher Beschleunigungsweglänge (Düsenlänge) angenommen, daß an der Düsenmündung Brennstoffgeschwindigkeit und Einblaseluftgeschwindigkeit annähernd gleich groß seien.

In Abb. 44 ist der Mittelwert des Verhältnisses $\dfrac{G_b}{G_l}$ über der Tourenzahl aufgetragen, wie er sich generell an wirklichen Maschinen ergibt. Ferner sei der die Brennstoffventileröffnungszeit bestimmende Kurbelwinkel in Abhängigkeit von der Maschinendrehzahl gebracht, wie es Abb. 44 zeigt. Und zwar sei für $n = 160$ 30^0, für $n = 300$ 37^0 Kurbelwinkel als Idealfall angenommen. Für dazwischen liegende Tourenzahlen seien die entsprechenden Kurbelwinkel durch die Verbindungsgerade gegeben. Dadurch ergibt sich die jeweilige Ventileröffnungszeit nach der Gleichung:

$$t^{\mathrm{sec}} = \frac{60}{n} \cdot \frac{a^0}{360^0},$$

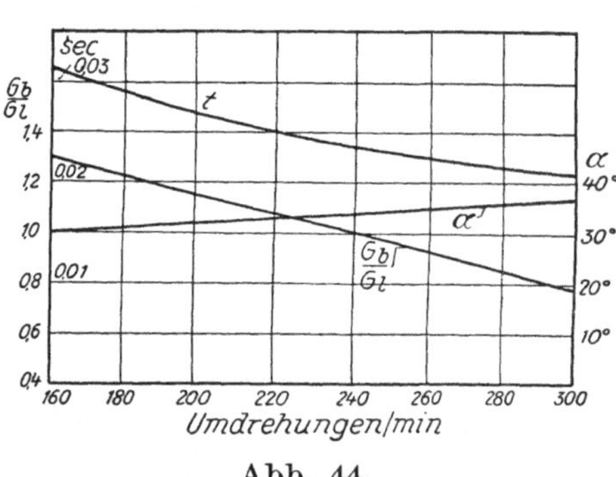

Abb. 44.

$\dfrac{G_b}{G_l}$, t und α' abhängig von n.

wenn a^0 den der Ventileröffnungszeit entsprechenden Kurbelwinkel bezeichnet. Die t-Kurve in Abb. 44 ist mit Hilfe dieser Gleichung ausgerechnet. Sowohl die Annahme des mit der Tourenzahl veränderlichen Kurbelwinkels a^0, wie auch das veränderliche Verhältnis $\dfrac{G_b}{G_l}$ haben natürlich nur allgemeine Gültigkeit. In der wirklichen Ausführung finden sich mehr oder minder große Abweichungen davon.

Es handelt sich in dieser Untersuchung ganz allgemein auf jene

Bestimmungsgrößen hinzuweisen, die hauptsächlich maßgebend für die Querschnittsbemessung sind.

Die Einblasearbeit wächst mit dem Brennstoffgewicht in direkt proportionalem, mit der Umlaufzahl im quadratischen Verhältnis.

Als Grundlage für die Berechnung der Einblasearbeit in Abhängigkeit vom Brennstoffgewicht (Drehmoment) und Umdrehungszahl, sei der bereits in den früheren Beispielen berechnete Wert der Einblasearbeit für $n = 200$, $L_1 = 3{,}44\ mkg$ verwendet.

Die Berechnung des notwendigen Steuerquerschnittes der idealen Düse (Tabelle 17) wurde entsprechend dem folgenden Beispiel ausgeführt:

Beispiel: Es sei $n = 160$, $G_b = 1\ g$.

Aus Abb. 44 erhalten wir:

$$\frac{G_b}{G_l} = 1{,}3;\ t = 0{,}0312^{\text{sec}}$$

Daraus ist $G_l = 0{,}77\ g$.

Die Einblaseenergie $= 2{\cdot}65\ mkg$, daraus ist $w_1 = 228\ m/sec$.

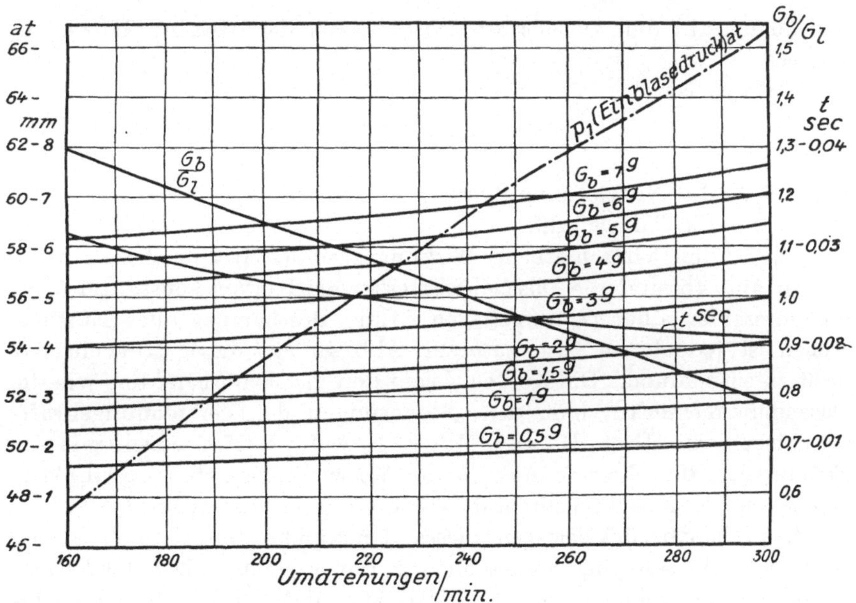

Abb. 45. Düsenmündungsdurchmesser abhängig von Maschinendrehzahl, Leistung und Einblasedruck.

Aus Abb. 16 erhalten wir für $\dfrac{G_b}{G_l} = 1{,}3$ und $w_1 = 228\ m/sec$

$$w_2 = w_{b2} = 150\ m/sec.$$

Daher ist:

$$f = f_l + f_b = 5{,}82 \; mm^2.$$

Der Düsenmündungsdurchmesser ist

$$d = 2 \cdot 89 \; mm.$$

Für $G_b = 2\,g$ muß bei sonst gleichen Verhältnissen $f = 2 \times 5{,}82\,mm^2$ sein und daher der Mündungsdurchmesser $d = 3{,}85\,mm$ usw.

In der Tabelle 17 sind die Düsendurchmesser in den Grenzen für $n = 160$—300 und $G_b = 0{,}5$—$8\,g$ ausgerechnet. Dort finden sich auch die Zwischenwerte der Berechnung nach obigem Beispiel. Durch die Annahme des Verhältnisses $\dfrac{G_b}{G_l}$ in Abb. 44 ist die Veränderlichkeit des w_1 und damit des p_1, welches auch in der Tabelle 17 eingetragen ist, gegeben.

In Abb. 45 sind nun die Düsendurchmesser als Kurven konstanten G_b über den Tourenzahlen aufgetragen, ferner die t-Kurve, die p_1-Kurve und das Verhältnis $\dfrac{G_b}{G_l}$. Wir sind dadurch in der Lage, für jede Leistung und Tourenzahl den zugehörigen Durchmesser der idealen Düse anzugeben.

Denn es ist

$$G_b = \frac{21 \cdot N_n}{H \cdot n \cdot \eta_{w}}.$$

wenn N_n...die Nutzleistung/Zylinder in PSe.,

    n...die Tourenzahl,

    η_{w}...den wirtschaftlichen Wirkungsgrad der Maschine bezeichnet.

In Abb. 46 sind die Düsendurchmesser als Kurven konstanter Umdrehungszahlen über G_b aufgetragen. Eine Bestimmung aller Einflußgrößen ist jedoch im Gegensatz zur Abb. 45 aus dieser Kurvenschar nicht zu entnehmen. Die Kurven zeigen den gleichen Charakter, wie die Düsendurchmesserkurve in den „Steuerungen der Verbrennungskraftmaschinen" von Prof. Dr. Ing. Magg, I. Aufl., S. 274, jedoch mit der Erweiterung, daß hier in Abb. 46 die Verwirbelungsarbeit = Einblasearbeit von der Maschinendrehzahl abhängig gemacht erscheint.

Das Nichtberücksichtigen dieses Umstandes dürfte auch neben anderen Einflüssen, die hauptsächlich in der Verschiedenheit der Düsenkonstruktionen gelegen sind, die Folge sein, daß einzelne der dort eingetragenen praktischen Düsendurchmesserpunkte weit außerhalb der gezogenen Kurve zu liegen kommen.

Wir haben bereits im vorhergehenden Abschnitt die Tatsache festgehalten, daß die Änderung der Verwirbelungs- und dementsprechend der Einblasearbeit nur dann theoretisch im quadratischen Verhältnis erfolgt, wenn der Zerstäubungsgrad konstant bleibt. Ist dies nicht der

$p_2 = 35^{at}$

Tabelle 17

			160	180	200	220	240	260	280	300
n			160	180	200	220	240	260	280	300
G_b/G_l			1,3	1,22	1,14	1,08	1	0,92	0,85	0,78
$w_1{}^{m/sec}$			237	258	277,5	297	311,7	322	335	343,5
$w_{b_2} = w_2{}^{m/sec}$			156	173,2	189,5	206	220	232	246,5	257,4
$L/1\ g$ Brennstoff			2,2	2,79	3,44	4,17	4,96	5,83	6,75	7,74
t^{sec}			0,0312	0,0287	0,0266	0,025	0,0235	0,0225	0,0215	0,0206
$p_1{}^{at}$			47.5	50,4	53,2	56,4	59,2	61,8	64,2	66,5
$d^{mm}=$	Für $G_b^g =$	0,5	1,646	1,68	1,73	1,756	1,82	1,89	1,955	2 036
		1	2,33	2,38	2,447	2,486	2,58	2,675	2,76	2,88
		1,5	2,75	2,91	3,0	3,04	3,16	3,28	3,38	3,53
		2	3,29	3,36	3,46	3,515	3,646	3,78	3,9	4,075
		3	4,03	4,115	4,24	4,3	4,465	4,63	4,79	4,99
		4	4,66	4,75	4,9	4,97	5,15	5,35	5,53	5,76
		5	5,2	5,31	5,475	5,55	5,76	5,98	6,18	6,44
		6	5,71	5,82	6	6,09	6,315	6,55	6,76	7,06
		7	6,165	6,29	6,48	6,575	6,82	7,08	7,31	7,63

Fall, so ergibt sich ein Abweichen der notwendigen Verwirbelungsarbeit von der theoretischen.

Die Durchmesserkurven werden daher nur innerhalb eng gezogener Grenzen ($n = 160—200$ oder $n = 200—240$ usw.) den wirklichen Verhältnissen an der Maschine entsprechen können. Es wird vor allem auch hier ähnlich wie bei Leistungsregelung (S. 86) für die gegebenen Verhältnisse der praktische Einblasedruck der Verwirbelungsarbeit und dem Zündverzug angeglichen werden müssen, verwendet man die in Abb. 45 eingetragenen Durchmesserpunkte. Anderseits müßten unter Beibehaltung der p_1-Kurven in Abb. 45 die Durchmesserkurven einer entsprechenden Korrektur unterzogen werden.

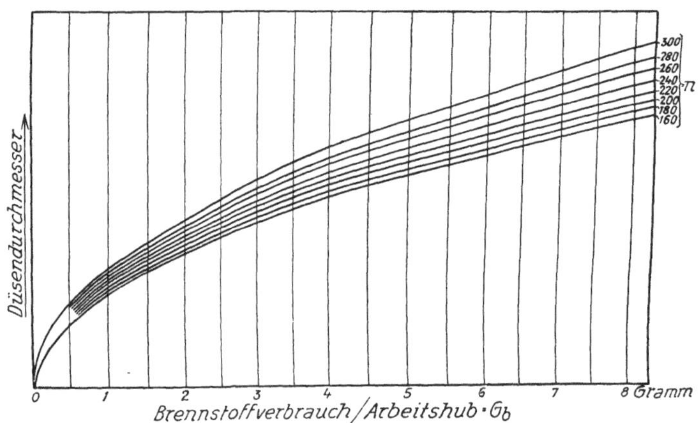

Abb. 46. Düsenmündungsdurchmesser abhängig von Maschinenleistung und Drehzahl.

Wir könnten nun den praktischen Maßstab der Düsendurchmesserkurven der Abb. 45 und 46 durch Einzeichnen des Durchmesserwertes eines Düsenplättchenquerschnittes von einer ausgeführten Düse, für die die entsprechenden Werte von G_b, $\dfrac{G_b}{G_l}$ mit der Abbildung übereinstimmen, bestimmen. Durch den so festgelegten Durchmessermaßstab sind wir dann in der Lage, für jede Leistung und innerhalb enger Grenzen für jede Tourenzahl den Durchmesser aus der Abbildung abzunehmen. Voraussetzung ist dabei vor allem, daß die Werte $\dfrac{G_b}{G_l}$ und t den Werten der Abb. 44 entsprechen, das Verhältnis $\dfrac{\text{Hub}}{\text{Zylinderdurchmesser}}$ der Hauptmaschine annähernd über alle Verhältnisse gewahrt bleibt und daß schließlich die Brennstoffdüsen selbst sozusagen eine „Düsenreihe“

gleicher Konstruktion bilden. Es wird also ganz allgemein der Maßstab für Plättchenzerstäuber (Abb. 4) ein anderer sein, wie für Spaltzerstäuber (Abb. 5), und wieder ein anderer für offene Düsen. (Abb. 6.)

Innerhalb dieser Hauptgruppen wird sich wieder je nach der Länge und des Querschnittes des Beschleunigungsweges der Brennstoffteilchen, also des Weges, den Einblaseluft und Brennstoff gemeinsam durchströmen, ein verschiedener Maßstab ergeben. (Düsen verschiedener Firmen!) Anderseits hätten wir die Abb. 44 auch mit einer anderen, vielleicht tiefer oder höher gelegenen $\dfrac{G_b}{G_l}$ -Kurve, die den praktischen Verhältnissen ebenso entspricht, wie die angenommene, entwerfen können. Es hätten sich dann natürlich auch gegenüber Abb. 45 und 46 die Durchmesserkurven verändert. Die in Abb. 45 eingezeichnete p_1-Kurve gilt natürlich nur für die ideale Düse. Durch Berücksichtigung der Reibungs- und Drosselverluste und des Ausflußkoeffizienten ist der praktische Einblasedruck entsprechend höher. Der Charakter der p_1-Kurve bleibt jedoch gewahrt.

Wie aus Abb. 45 und 46 zu ersehen ist, ist die bereits auf S. 89 erwähnte Normalisierung von Düsen durch stufenweises Ändern des Düsendurchmessers ohneweiters gegeben, in der Weise, daß innerhalb gewisser Grenzen von Leistung und Tourenzahl ein und dieselbe Düse verwendet wird. Es ist jedoch dann natürlich der Einblasedruck und mit ihm das Einblaseluftgewicht so zu ändern, daß die notwendige Verwirbelungsarbeit in Übereinstimmung gebracht erscheint mit der aus der Düsenkonstruktion sich ergebenden Brennstoffbeschleunigungsarbeit.

Ein Umstand sei noch beachtet, der in Abb. 45 zum Ausdruck kommt. Mit der Tourenzahl wird das Verhältnis $\dfrac{G_b}{G_l}$ für Vollast immer kleiner. Wir haben in Abb. 44 die Veränderlichkeit des Verhältnisses nur ganz allgemein angenommen. Wir sehen jedoch, mit der Tourenzahl steigt die notwendige Einblaseenergie = Verwirbelungsenergie sehr stark. Wir haben drei Möglichkeiten, die Verwirbelungsenergie aufzubringen:

1. Durch Erhöhung des Einblasedruckes;
2. durch Vergrößerung des Einblaseluftgewichtes;
3. dadurch, daß die Einblasearbeit nur einen Teil der Verwirbelungsarbeit deckt, während der übrige Teil der Verwirbelungsarbeit von der Verbrennungsluft selbst gedeckt wird, der zu diesem Zweck durch Sonderkonstruktionen eine bestimmte Strömungsrichtung aufgezwungen wird.

Ad 1. Der Erhöhung des Einblasedruckes ist eine Grenze gezogen durch Erreichen des kritischen Druckgefälles. Für dieses kritische Gefälle ist der Mündungsquerschnitt maßgebend, also die Luftgeschwindigkeit in diesem Querschnitt, die nur die Größe der Schallgeschwindigkeit erreichen kann. Da die Einblaseluft in der Düse die Zerstäubungs- und Beschleunigungsarbeit zu leisten hat, kann der Einblasedruck so weit erhöht werden, daß nach geleisteter Zerstäubungs- und Beschleunigungsarbeit an der Düsenmündung sich die kritische Geschwindigkeit für die Einblaseluft ergibt. In der Düse selbst verwandelt sich dann die Druckenergie in dem Maße in Strömungsenergie um, als Strömungsenergie infolge der Beschleunigungsarbeit aufgebracht wird. Daraus erklären sich ohneweiters die Einblasedrücke von 70 bis 80 Atm. gegenüber einem mittleren Verbrennungsdruck von 35 Atm., die den Wirkungsgrad gegenüber 60 Atm. z. B. verbessern, obwohl das kritische Druckgefälle, wie es sich für reine Luftströmung rechnet, bedeutend überschritten ist.

Ad 2. Hier ist eine Grenze insoferne nach oben gezogen, als mit der Vergrößerung des Einblaseluftgewichtes eine annähernd konstante Verteilung von Brennstoff und Luft über die Einströmzeit, also ein konstantes $\dfrac{G_b}{G_l}$ sich mit der konstruktiven Ausbildung der praktischen Düse nicht mehr in Einklang bringen läßt. Es wäre auch hier ein Ausweg, die Anwendung eines besonders betätigten Zusatzventils in gleicher Weise wie es zur Leistungserhöhung Verwendung finden kann[1]). Doch wird in beiden Fällen schließlich bei einem gewissen Einblaseluftgewicht die kalte Einblaseluft die Verbrennung so verzögern, daß man über eine gewisse Drehzahl der Maschine nicht hinauskommt.

Ad 3. Dieser Punkt hat Anwendung gefunden bei der kompressorlosen Bauart der Dieselmaschinen. Es soll auch dort besonders darauf eingegangen werden.

Kurz zusammenfassend stellen wir also fest: Der Vergrößerung der Einblaseenergie und damit der Steigerung der Maschinendrehzahl ist eine Grenze gesetzt. Nicht die geringe Verbrennungsgeschwindigkeit des Brennstoffes, sondern hauptsächlich das Nichterreichen der notwendigen Einblasearbeit in der kurzen Einströmzeit und damit die notwendige Verteilung der Brennstoffteilchen über die Verbrennungsluft des Zylinderraumes ist einer der Hauptgründe, daß sich den Bestrebungen, einen Dieselmotor mit sehr hoher Umdrehungszahl auf den Markt zu bringen, der den wirtschaftlichen Anforderungen Genüge leistet, große Schwierigkeiten in den Weg stellen.

14. Die Verwendung verschiedener Treiböle in der Maschine

Wir sehen aus den theoretischen Folgerungen des Zerstäubungs- und Beschleunigungsproblems, daß sich mit der Veränderung der Brennstoffeigenschaft (spezifisches Gewicht, Oberflächenspannung) auch der

---

[1]) Sonderheft „Dieselmaschinen" 1923, Dr. Riehm: Leistungserhöhung der Viertaktmotoren.

Zerstäubungsgrad, die Beschleunigung und damit die Brennstoffgeschwindigkeit usw. ändert. Es wird also eine bestimmte Düse mit
entsprechendem Einblasedruck und Einblaseluftgewicht nur für ein Öl
bestimmter Eigenschaft vollauf entsprechen.

Bei Verwendung eines Treiböles anderer Eigenschaft muß entweder
die Düse ausgetauscht oder der Einblasedruck entsprechend geändert
werden, um eine gleich günstige Vorbereitung des Brennstoffes für die
Verbrennung in der Maschine zu erzielen.

III. Der Einspritzvorgang bei kompressorlosen Dieselmaschinen

Im Gegensatz zu den Kompressor-Dieselmaschinen wird bei kompressorlosen Dieselmaschinen ein homogener Flüssigkeitsstrahl (Brennstoffstrahl) in den Verbrennungsraum unter hohem Druckgefälle eingespritzt.

Während beim Einblasevorgang der Kompressor-Dieselmaschinen der
in der Brennstoffdüse vorgelagerte Brennstoff durch die vorbeistreichende
Luft zerstäubt und beschleunigend mitgerissen wird, also ein Flüssigkeitsstrahl nicht auftritt und der Brennstoffaufbereitungsprozeß im Innern
der Düse vor sich geht, wobei der Einblaseluft die Rolle des primären
Energieträgers zugeteilt ist und der Brennstoff beim Verlassen der Düse
bereits entsprechend aufbereitet ist, tritt beim Einspritzvorgang der
kompressorlosen Dieselmaschine, der sogenannten reinen Druckeinspritzung, der Fall ein, daß die Düse einzig und allein Einströmorgan ist.
Der Brennstoff verläßt die Düse unaufbereitet als homogener Flüssigkeitsstrahl. Erst im Verbrennungsraum tritt die Zerstäubung ein unter
nachfolgender Verwirbelung und Aufteilung auf die Verbrennungsluft
im Zylinder. Hier ist der Brennstoff selbst infolge seines Druckgefälles
Energieträger, während beim anderen Verfahren primär die Einblaseluft
allein, sekundär beim Verlassen der Düse ein Brennstoffluftgemisch als
Energieträger auftritt.

Dieser Unterschied beider Verfahren bedingt auch eine gesonderte
Behandlung des Zerstäubungsproblems bei reiner Druckeinspritzung.
Wir haben die Gestalt des unter Druck austretenden Flüssigkeitsstrahles
und die Ursachen des Zerfalles dieses Strahles in einzelne Flüssigkeitsteilchen zu untersuchen.

1. Zerfall von Flüssigkeitsstrahlen unter großem Druckgefälle

Wir wollen vom Energieprinzip ausgehen und zunächst die Gestalt
der Oberfläche des Flüssigkeitsstrahles, ohne Rücksicht auf das Zerfallen,

bestimmen. Die jeweilige Gestalt eines Flüssigkeitsstrahles ist ganz allgemein bestimmt durch seine lebendige Kraft, durch die zu überwindende Reibungskraft, die Oberflächenarbeit, die Arbeit der Schwere. Unter der Annahme sehr großer Druckgefälle, wie sie bei der Druckeinspritzung an Dieselmaschinen vorkommen, tritt die Schwerkraftarbeit gegenüber der Reibungsarbeit als verschwindend klein zurück und ist daher vernachlässigbar.

Die Reibungsarbeit, hervorgerufen durch die Relativgeschwindigkeit zwischen Flüssigkeitsstrahl und den ihm umgebenden Medium (Luft, Verbrennungsgase), wirkt der lebendigen Kraft des Flüssigkeitsstrahles entgegen.

Bezüglich der Oberflächenarbeit stellen wir fest: Die Oberfläche des Flüssigkeitsstrahles muß sich durch die aus der Düsenmündung austretenden Flüssigkeitsmassen immer neu ausbilden. Jede austretende Flüssigkeitsmasse hat eine neue Oberfläche zu bilden, die sich über die Strahllänge fortwährend gesetzmäßig ändert. Da zur Änderung der Oberfläche eine Oberflächenarbeit notwendig ist, kann diese mangels einer anderen Energie nur von der kinetischen Energie der Flüssigkeit bestritten werden.

Wir können nun folgende Arbeitsgleichung aufschreiben:

**Abnahme der lebendigen Kraft =
= Reibungsarbeit + Oberflächenarbeit**

Als Nebenbedingung dieser Arbeitsgleichung gilt die Kontinuitätsbedingung. Wir stellen uns zunächst eine ideale Ausströmöffnung von kreisförmigem Querschnitt (Düse) mit einem Ausflußkoeffizienten $\mu = 1$ vor, so daß sowohl der Geschwindigkeitskoeffizient, wie auch der Kontraktionskoeffizient gleich 1 ist.

Abb. 47 stellt schematisch den Ausfluß aus einer solchen Düse dar. Der Ursprung des Koordinatenkreuzes liegt im Mittelpunkt des Mündungsquerschnittes.

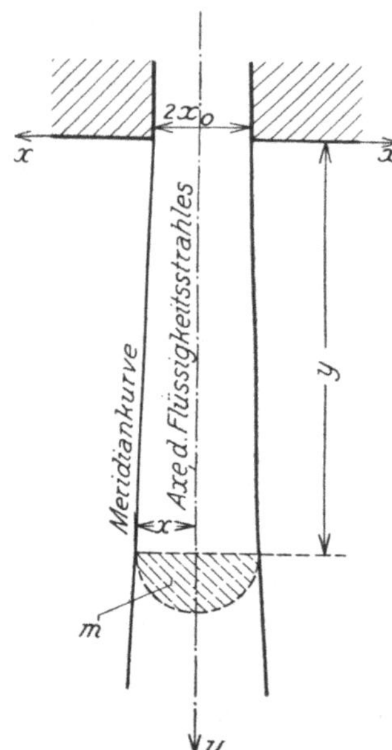

Abb. 47. Schnitt durch einen ausströmenden Flüssigkeitsstrahl (schematisch).

Es bezeichne

x_0^m den Radius des kreisförmigen Mündungsquerschnittes,
y^m die Entfernung eines beliebigen Strahlquerschnittes,
x^m den Radius des Strahlquerschnittes in y,

F^{m^2} die Querschnittsfläche in y,

$m^{\frac{kg/sec^2}{m}}$ die Masse eines Flüssigkeitsvolumens in y von Halbkugelgestalt mit dem Radius x,

O^{m^2} die Oberfläche dieses Flüssigkeitsvolumens,

$w_0^{m/sec}$ die Austrittsgeschwindigkeit des Flüssigkeitsstrahles an der Düsenmündung,

$w^{m/sec}$ die Strahlgeschwindigkeit im Querschnitt x,

γ_b^{kg/m^3} das spezifische Gewicht der Flüssigkeit,

γ_l^{kg/m^3} das spezifische Gewicht des Mediums, in dem sich der Flüssigkeitsstrahl befindet (Luft, Verbrennungsgase),

ψ den Reibungskoeffizienten,

g^{m/sec^2} die Beschleunigung der Schwere,

$a^{kg/m}$ die Oberflächenspannung der ausstömenden Flüssigkeit,

R^{kg} den Reibungswiderstand,

$p_1{}^{at}$, $P_1{}^{kg/m^2}$ den Flüssigkeitsdruck,

$p_2{}^{at}$, $P_2{}^{kg/m^2}$ den Druck des Mediums, in das die Flüssigkeit ausströmt,

$p_{ü}^{at}$, $P_{ü}^{kg/m^2}$ den Flüssigkeitsüberdruck.

Wir können nun die Arbeitsgleichung wie folgt anschreiben:

$$- m\, w\, d\, w = R\, d\, y + a \, . \, d\, O \qquad (18)$$

Nach der Kontinuitätsbedingung muß

$$w_0\, x_0{}^2\, \pi = w\, x^2\, \pi \qquad \text{sein,}$$

daraus ist

$$w = w_0\, \frac{x_0^2}{x^2} \text{ und } dw = -2\, w_0\, \frac{x_0^2}{x^3}\, dx.$$

Daher ist

$$- w\, d\, w = 2\, w_0^2\, \frac{x_0^4}{x^5}\, dx.$$

Die Masse m des Flüssigkeitsvolumens von Habkugelgestalt im Querschnitt y ergibt sich mit

$$m = \frac{2}{3}\, x^3\, \pi \, . \, \frac{\gamma_b}{g}.$$

Die Oberfläche O des Flüssigkeitsvolumens ist

$$O = 3\, x^2\, \pi = \frac{9}{2}\, \frac{m\, g}{x \, . \, \gamma_b}.$$

Daraus ist die Oberflächenvergrößerung

$$d\, O = -\frac{9}{2}\, \frac{m\, g}{x^2 \, . \, \gamma_b}\, . \, dx$$

und daher

$$a\,d\,O = -\frac{9\,a\,m\,g}{2\,x^2\cdot\gamma_b}\,dx.$$

Den Widerstand, den die Flüssigkeitsmasse mit der Geschwindigkeit w durch das umgebende Medium (Luft) findet, sei wie früher genügend genau durch die Gleichung dargestellt

$$R = \psi\,\frac{\gamma_l}{g}\cdot F\cdot w^2.$$

Die Querschnittsfläche ist gleich

$$F = x^2\,\pi.$$

Es ergibt sich also für den Reibungswiderstand

$$R = \psi\cdot\frac{\gamma_l}{g}\cdot x^2\,\pi\cdot w^2.$$

Es ist jedoch

$$x^2\,\pi = \frac{3}{2}\,\frac{m\,g}{x\cdot\gamma_b}.$$

Eingesetzt in die Gleichung für den Reibungswiderstand erhalten wir:

$$R = \psi\cdot\frac{3}{2}\,\frac{\gamma_l}{g}\,\frac{m\cdot g}{x\cdot\gamma_b}\,w_0^2\,\frac{x_0^4}{x^4} = \frac{3}{2}\,m\,\psi\,\frac{\gamma_l}{\gamma_b}\cdot w_0^2\,\frac{x_0^4}{x^5},$$

wenn wir w wie vorhin durch die Kontinuitätsbedingung gleichsetzen

$$w = w_0\,\frac{x_0^2}{x^2}.$$

Es ist schließlich

$$R\,dy = \frac{3}{2}\,m\,\psi\,\frac{\gamma_l}{\gamma_b}\cdot w_0^2\,\frac{x_0^4}{x^5}\,dy.$$

Setzen wir diese Werte von $-m\,w\,d\,w$, $a\,d\,O$ und Rdy in die Arbeitsgleichung 18 ein, so erhalten wir

$$2\,m\,w_0^2\,\frac{x_0^4}{x^5}\,dx = \frac{3}{2}\,m\psi\,\frac{\gamma_l}{\gamma_b}\cdot w_0^2\,\frac{x_0^4}{x^5}\,dy - \frac{9}{2}\,\frac{m\,a\,g}{x^2\,\gamma_b}\,dx$$

und weiter

$$(19)\qquad 2\,w_0^2\,\frac{x_0^4}{x^3}\,dx = \frac{3}{2}\,\psi\,\frac{\gamma_l}{\gamma_b}\cdot w_0^2\,\frac{x_0^4}{x^3}\,dy - \frac{9}{2}\,\frac{a\cdot g}{\gamma_b}\,dx.$$

Diese Differentialgleichung enthält als Unbekannte nur x und y. Nach Trennung der Veränderlichen erhalten wir:

$$\int_{x_0}^{x} 2\,w_0^2\,x_0^4\,dx + \int_{x_0}^{x}\frac{9}{2}\,\frac{a\cdot g}{\gamma_b}\,x^3\,dx = \int_{0}^{y}\frac{3}{2}\,\psi\,\frac{\gamma_l}{\gamma_b}\,w_0^2\,x_0^4\,dy.$$

Integriert erhalten wir

$$2 w_0^2 x_0^4 \Big|_{x_0}^{x} + \frac{9}{8} \frac{a \cdot g}{\gamma_b} \cdot x^4 \Big|_{x_0}^{x} = \frac{3}{2} \psi \frac{\gamma_l}{\gamma_b} \cdot w_0^2 x_0^4 y \Big|_{0}^{y}.$$

Das ist weiter

$$\frac{3}{2} \psi \frac{\gamma_l}{\gamma_b} \cdot w_0^2 x_0^4 \cdot y = 2 w_0^2 x_0^4 (x - x_0) + \frac{9}{8} \frac{a \cdot g}{\gamma_b} (x^4 - x_0^4).$$

Daraus ergibt sich

$$y = \frac{2 \cdot w_0^2 \cdot x_0^2 \cdot 2 \cdot \gamma_b}{3 \gamma_l \cdot w_0^2 x_0^4 \psi} (x - x_0) + \frac{9}{8} \frac{a \cdot g}{\gamma_b} \frac{2}{3} \frac{\gamma_b}{\gamma_l} \frac{1}{w_0^2 x_0^4} \frac{1}{\psi} (x^4 - x_0^4)$$

und

$$y = \frac{4}{3} \cdot \frac{\gamma_b}{\gamma_l} \frac{1}{\psi} \cdot x_0 \left(\frac{x}{x_0} - 1 \right) + \frac{3}{4} \frac{a \cdot g}{\gamma_l} \cdot \frac{1}{w_0^2} \cdot \frac{1}{\psi} \left(\frac{x^4}{x_0^4} - 1 \right) \tag{20}$$

$\dfrac{4}{3} \dfrac{\gamma_b}{\gamma_l}$ und $\dfrac{3}{4} \dfrac{a \cdot g}{\gamma_l \cdot w_0^2}$ sind konstant für eine gegebene Flüssigkeit, deren Mündungsgeschwindigkeit w_0 ist und die in ein Medium ausströmt, dessen Zustandsgleichung eindeutig gegeben ist.

Wir wollen daher schreiben:

$$\frac{4}{3} \frac{\gamma_b}{\gamma_l} = a; \quad \frac{3}{4} \frac{a \cdot g}{\gamma_l \cdot w_0^2} = b.$$

Es kann daher Gleichung (20) in folgender Form geschrieben werden:

$$y = \frac{1}{\psi} \left[a x_0 \left(\frac{x}{x_0} - 1 \right) + b \left(\frac{x^4}{x_0^4} - 1 \right) \right].$$

Setzen wir schließlich $x = \beta x_0$, so ist $\dfrac{x}{x_0} = \beta$ und wir erhalten:

$$y = \frac{1}{\psi} [a x_0 (\beta - 1) + b (\beta^4 - 1)] \tag{21}$$

In Abb. 48 ist die Gleichung (21) als Kurve aufgetragen. Sie stellt die Meridiankurve des Flüssigkeitsstrahles dar und gibt daher ein Bild von der Form des Strahles.

Die Konstante b der Gleichung (21) beinhaltet die Oberflächenspannung a. Während also das erste Glied auf der rechten Seite der Gleichung (21) hauptsächlich von der Größe des Reibungswiderstandes abhängt, wird das zweite Glied auf der rechten Seite von der Größe der Oberflächenspannung beeinflußt. Wir wollen zunächst die Größe dieses Einflusses von a auf die Form der Meridiankurve und damit des Flüssigkeitsstrahles an einem Zahlenbeispiel untersuchen. Es ist offenbar, daß sich mit der Zunahme des Reibungswiderstandes der Einfluß der konstanten Oberflächenspannung d. h. der Einfluß des Gliedes $b \cdot (\beta^4 - 1)$ der Gleichung (21) auf die Form der Meridiankurve verringern muß.

Es sei

$\gamma_b = 900\ kg/m^3$ als Mittelwert des spezifischen Gewichtes von Treibölen,

$\gamma_l = 0,88\ kg/m^3$ als spezifisches Gewicht der Luft bei einem Druck $p_1 = 1$ Atm. und $T = 300^0$,

$a = 0,003\ kg/m$ (siehe S. 17),

$w_0 = 44,3\ m/\text{sec}$ entsprechend einem Flüssigkeitsdruck von $p_1 = 10$ Atm., berechnet nach der Gleichung:

$$w_0 = \sqrt{2\,g\,\frac{P_1 - P_2}{\gamma_b}}.$$

Wir erhalten für die Konstante a

$$a = \frac{4}{3}\,\frac{\gamma_b}{\gamma_l} = \frac{4}{3}\cdot\frac{900}{0,88} = 1056,$$

für die Konstante b

$$b = \frac{3\,a\cdot g}{4\,\gamma_l\cdot w_0^2} = \frac{3\cdot 0,003\cdot 9,81}{4\cdot 900\cdot 1960} = 1,25\cdot 10^{-8} = 0,0000000125.$$

Für $\beta = 2$, d. h. $x = 2\,x_0$ — der Strahldurchmesser ist bereits doppelt so groß als der Mündungsdurchmesser — erhalten wir

$$y = \frac{1}{\psi}\,[1056\,x_0\cdot 1 + 0,0000000125\cdot 15].$$

Selbst für ein $x_0 = 0{\cdot}0001\ mm$ bleibt der Einfluß des zweiten Gliedes, wie man sich leicht überzeugen kann, vernachlässigbar klein. Nun sind die Zahlenwerte ungleich ungünstiger gewählt als beim Einspritzvorgang in der Dieselmaschine, wo γ_l und p_1 bedeutend größer sind.

Allerdings würde sich der Einfluß der Oberflächenspannung auf die Strahlform bei weiterer Verkleinerung des Einspritzüberdruckes immer mehr geltend machen, dann dürften wir jedoch auch nicht mehr die Schwerkraft vernachlässigen. Es kommt jedoch diese weitere Untersuchung für den Fall der Druckeinspritzung bei Dieselmaschinen nicht in Betracht.

Wir erhalten also bei erlaubter Vernachlässigung des Gliedes $b\cdot(\beta^4 - 1)$ der Gleichung (21) folgende einfache Form

$$(22) \qquad\qquad y = \frac{1}{\psi}\,a\,x_0\,(\beta - 1).$$

Das ist jedoch die Gleichung einer Geraden. Wir erhalten also als Meridiankurve des unter hohem Druckgefälle ausströmenden Flüssigkeitsstrahles eine Gerade. Der Flüssigkeitsstrahl selbst hat die Form eines Kegelstumpfes (Abb. 48), der sich theoretisch in die Unendlichkeit erstreckt.

Wir hätten auch aus der Arbeitsgleichung (18) bei Vernachlässigung des Gliedes *ad 0* dieselbe Beziehung erhalten, wie man sich leicht überzeugen kann.

Der Strahl würde ohne jede Einwirkung einer äußeren Kraft, sich selbst überlassen, mit rein zylindrischer Gestalt in die Unendlichkeit fließen. Die Stirnfläche des zylindrischen Flüssigkeitsstrahles würde nur unter dem Einfluß der Oberflächenspannung Halbkugelgestalt annehmen und tangentiell in den zylindrischen Strahlmantel übergehen.

Als einzige äußere Kraft wirkt der Reibungswiderstand. Die Gleichung der Strahlform wurde so aufgestellt, daß nur die Masse des Flüssigkeitsvolumens an der Stirnfläche betrachtet wurde, unter der Annahme, daß jedes neu ausströmende Volumen in derselben Weise zur steten Neubildung der Oberfläche verwendet wird. Es wirkt daher derselbe Reibungswiderstand, der durch die Arbeitsgleichung die Strahlform bestimmt, auch auf die Stirnfläche des Flüssigkeitsstrahles und bestimmt seine Oberflächengestalt.

Der Reibungswiderstand, der die kegelige Strahlform und damit die Verzögerung der Geschwindigkeit des Strahles bewirkt, kann auch folgend ausgedrückt werden:

$$R = m \cdot \varepsilon$$

und
$$\frac{m\,\varepsilon}{F} = \frac{R}{F} = P$$

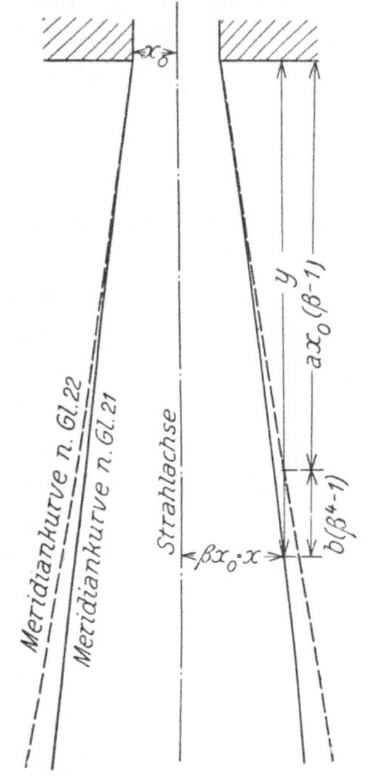

Abb. 48. Schnitt durch einen unter hohem Druckgefälle austretenden Flüssigkeitsstrahl (schematisch).

wenn $m^{\;\frac{kg/sec^2}{m}}$ wie vorhin, die Masse des Flüssigkeitsvolumens,

ε^{m/sec^2} die Verzögerung,

F^{m^2} den Flüssigkeitsstrahlquerschnitt an der Stelle y,

P^{kg/m^2} den Verzögerungsdruck bedeutet.

Es ist jedoch (s. S. 99)

$$m = \frac{3}{2}\, x^3 \pi \cdot \frac{\gamma_b}{g} \quad \text{und} \quad F = x^2 \pi.$$

Daher ist

$$\frac{m}{F} = \frac{2}{3}\, x\, \frac{\gamma_b}{g} = \frac{2}{3}\, \beta\, x_0\, \frac{\gamma_b}{g}, \quad \text{da } x = \beta\, x_0 \text{ ist.}$$

Wir erhalten schließlich

$$P^{kg/m^2} = \frac{m}{F} \cdot \varepsilon = \frac{2}{3} \cdot \beta \cdot x_0 \cdot \frac{\gamma_b}{g} \cdot \varepsilon.$$

P stellt den mittleren Verzögerungsdruck auf die Stirnfläche des Flüssigkeitsstrahles dar. Wie schon auf S. 5 angenommen, wollen wir ihn über die Stirnfläche gleichmäßig verteilt denken. Dieser Druck P wirkt gemeinsam mit dem Normaldruck aus der Oberflächenspannung an der Bildung der Stirnoberfläche des Strahles nach der Differentialgleichung

$$a \frac{d\,(r \sin \tau)}{r\,d\,r} = P.$$

Zur Berechnung der Verzögerung ε an der Stelle y des Flüssigkeitsstrahles sei die Beziehung benützt, daß die Subnormale der Funktion $w = f(y)$ die Verzögerung ε darstellt.

Es ist nämlich die Subnormale der Funktion $w = f(y)$

$$n_s = w \frac{dw}{dy} = \frac{dy}{dt} \cdot \frac{dw}{dy} = \frac{dw}{dt} = \varepsilon.$$

Zur Berechnung der Funktion $w = f(y)$ wollen wir wieder von der Arbeitsgleichung unter Vernachlässigung der Oberflächenarbeit ausgehen. Es ist

$$(23) \qquad - mw\,dw = \frac{3}{2}\,\psi\,\frac{\gamma_l}{\gamma_b}\,\frac{m}{x_0 \sqrt{w_0}} \cdot w \sqrt{w}.dy$$

und weiter

$$- \frac{dw}{\sqrt{u^3}} = \frac{3}{2}\,\psi\,\frac{\gamma_l}{\gamma_b}\,\frac{1}{x_0 \sqrt{w_0}}\,dy.$$

Die Integrationsgrenzen sind für w: w_0 und w, für y: o und y.
Wir erhalten

$$- \int_{w_0}^{w} \frac{dw}{\sqrt{w^3}} = c \int_{0}^{y} dy, \quad \text{wenn } c = \frac{3}{2}\,\psi\,\frac{\gamma_l}{\gamma_b} \cdot \frac{1}{x_0 \sqrt{w_0}}.$$

Die Integration ergibt

$$2 \frac{1}{\sqrt{w}} \Big|_{w_0}^{w} = cy \qquad \text{oder} \quad 2 \left(\frac{1}{\sqrt{w}} - \frac{1}{\sqrt{w_0}} \right) = cy.$$

Daraus ergibt sich

$$\frac{1}{\sqrt{w}} = \frac{1}{2}\,cy + \frac{1}{\sqrt{w_0}} \quad \text{und} \quad \sqrt{w} = \frac{1}{\frac{1}{2}\,cy + \frac{1}{\sqrt{w_0}}}$$

und schließlich

$$w = \cfrac{1}{\left(\dfrac{1}{2}\, cy + \dfrac{1}{\sqrt{w_0}}\right)^2} = \cfrac{w_0}{\left(\dfrac{1}{2}\, cy\, \sqrt{w_0} + 1\right)^2}.$$

Aus Gleichung (23) erhalten wir

$$\frac{dw}{dy} = -\frac{3}{2}\, \psi \cdot \frac{\gamma_l}{\gamma_b}\, \frac{1}{x_0 \sqrt{w_0}} \cdot w \sqrt{w} = -\,c \cdot w \sqrt{w}.$$

Es ist daher die Verzögerung ε

$$\varepsilon = w\, \frac{dw}{dy} = -\,c \cdot w \sqrt{w}\, \cfrac{w_0}{\left(\dfrac{1}{2}\, cy \sqrt{w_0} + 1\right)^2}.$$

Das negative Vorzeichen des Ausdruckes auf der rechten Seite der Gleichung bedeutet, wie aus der Ableitung hervorgeht, daß ε eine negative Beschleunigung = Verzögerung ist. Aus der Kontinuitätsbedingung und der Beziehung $x = x_0\, \beta$, erhalten wir für w und $\sqrt{w}$

$$w = w_0 \cdot \frac{x_0^2}{x^2} = w_0 \cdot \frac{1}{\beta^2} \quad \text{und} \quad \sqrt{w} = \sqrt{w_0} \cdot \frac{1}{\beta}.$$

Eingesetzt in die Gleichung von ε ergibt sich

$$\varepsilon = -\,cw_0 \sqrt{w_0}\, \frac{1}{\beta^3} \cdot \cfrac{w_0}{\left(\dfrac{1}{2}\, cy \sqrt{w_0} + 1\right)^2} =$$

$$= -\frac{3}{2}\, \psi\, \frac{\gamma_l}{\gamma_b} \cdot \frac{1}{x_0 \sqrt{w_0}}\, w_0 \sqrt{w_0}\, \frac{1}{\beta^3}\, \cfrac{w_0}{\left(\dfrac{1}{2}\, cy \sqrt{w_0} + 1\right)^2}.$$

und schließlich

$$\varepsilon = -\frac{3}{2}\, \psi\, \frac{\gamma_l}{\gamma_b} \cdot \frac{1}{x_0\, \beta^3} \cdot \cfrac{w_0^2}{\left(\dfrac{1}{2}\, cy \sqrt{w_0} + 1\right)^2}.$$

Der Verzögerungsdruck P ist jedoch nach der früheren Ableitung gleich

$$P = \frac{2}{3}\, \beta \cdot x_0 \cdot \frac{\gamma_b}{g} \cdot \varepsilon.$$

Setzen wir den gefundenen Wert von ε in diese Gleichung ein, so erhalten wir

$$P = -\,\psi\, \frac{\gamma_l}{g} \cdot \frac{1}{\beta^2} \cdot \cfrac{w_0^2}{\left(\dfrac{1}{2}\, cy \sqrt{w_0} + 1\right)^2} \tag{24}$$

Nehmen wir konstante Druckverteilung von P über die Stirnfläche des Flüssigkeitsstrahles an, welche Vereinfachung bereits auf S. 5 begründet wurde, so erhalten wir in gleicher Weise wie beim Zerstäubungsvorgang bei Kompressormaschinen als Stirnfläche des Strahles eine Kugelfläche nach der Gleichung für den Kugelradius

$$r = \frac{2\,a}{P}.$$

Der Wert von P aus Gleichung (24) eingesetzt, ergibt:

$$(25) \quad r = \frac{2\,a}{\psi\,\dfrac{\gamma_l}{g} \cdot \dfrac{1}{\beta^2} \cdot \dfrac{w_0^2}{\left(\dfrac{1}{2}\,cy\sqrt{w_0}+1\right)^2}} = 2\,a\,\frac{g}{\gamma_l} \cdot \frac{\beta^2}{\psi} \cdot \frac{\left(\dfrac{1}{2}\,cy\sqrt{w_0}+1\right)^2}{w_0^2}$$

Wir stellen uns nun die Frage: wie groß ist r an der Düsenmündung, also für $y = 0$. Dieser Wert von r sei mit r_0 bezeichnet. Für $y = 0$ wird $\beta = 1$, da $\beta = \dfrac{x}{x_0}$ und für $y = 0$, $x = x_0$ wird. Wir erhalten also:

$$(26) \quad r_0 = \frac{2\,a}{\psi} \cdot \frac{g}{\gamma_l} \cdot \frac{1}{w_0^2}$$

Diese Gleichung ist identisch mit der auf S. 6 gefundenen Gleichung 8 für den Zerstäubungsvorgang mit Hilfe von Einblaseluft. Wie man leicht einsieht, ist in beiden Fällen die Ursache dieselbe, nämlich der durch eine Relativgeschwindigkeit zweier Medien hervorgerufene Reibungswiderstand. Im ersten Falle war die Relativgeschwindigkeit von der Einblaseluftgeschwindigkeit $w_1 = w_r$ beim ersten Zusammentreffen der Einblaseluft und dem in Ruhe befindlichen Brennstoff, in diesem Falle die Brennstoffstrahlgeschwindigkeit w_0 an der Düsenmündung im Augenblicke des Einströmens des Brennstoffes in die in Ruhe befindliche Luft. Während jedoch bei der Zerstäubung mittels Einblaseluft, der Brennstoff in Teilchen zerstäubt beschleunigt wird, bildet sich hier nachfolgend ein Brennstoffstrahl aus, der erst später zerfällt, wie wir im folgenden sehen werden. Zu Beginn des Vorganges müssen sich jedoch beide Fälle infolge der gleichen Ursachen gleichen.

Wir wollen die Gleichung (25) noch folgend umformen:

$$(27)\ \text{Es ist} \qquad w_0^2 = 2\,g\,\frac{P_1 - P_2}{\gamma_b} = 2\,g\,\frac{P_{ü}}{\gamma_b}$$

Setzen wir diesen Wert von w_0^2 in Gleichung (26) ein, so erhalten wir:

$$(28) \qquad r_0 = a\,\frac{\gamma_b}{\gamma_l} \cdot \frac{1}{\psi} \cdot \frac{1}{P_{ü}}$$

Die Gleichung zeigt die Abhängigkeit des r_0 und damit des Strahldurchmessers an der Mündung von den Größen a, γ_b, γ_l und $P_{ü}$, wenn wir, wie früher (S. 7) ψ als einen konstanten Wert ansehen.

r_0 ist direkt proportional der Oberflächenspannung a. Dasselbe Gesetz wurde auch bei der Zerstäubung mittels Einblaseluft gefunden. Mit a wächst auch r_0. Auch mit γ_b ist r_0 direkt proportional. Hingegen ist der Mündungsstrahldurchmesser verkehrt proportional dem spezifischen Gewicht der Luft γ_l und dem Überdruck $P_{\ddot{u}}$.

Nach der allgemeinen Zustandsgleichung ist

$$\frac{P_2}{\gamma_b} = R\,T \quad \text{und} \quad \gamma_b = \frac{P_2}{R\,T}.$$

Es ist also auch bei konstanter Lufttemperatur der Strahldurchmesser an der Mündung verkehrt proportional dem Druck der Luft, in die der Strahl einströmt.

Es sei nun ein kreisförmiger Mündungsquerschnitt mit dem Radius x_0 gegeben. Die Größen a, γ_b, γ_l $P_{\ddot{u}}$ der Gleichung mögen so bestimmt sein, daß im Mündungsquerschnitt $r_0 = x_0$ ist, wie es Abb. 49 zeigt. Die an die Mündung anschließende Meridiankurve ist gegeben durch die Gleichung (22).

$$y = \frac{1}{\psi}\,\frac{4}{3}\,\frac{\gamma_b}{\gamma_l}\,x_0\,(\beta - 1)$$

Der Radius der kugelförmigen Stirnfläche des Flüssigkeitsstrahles an der Stelle y bestimmt sich aus Gleichung (25) mit

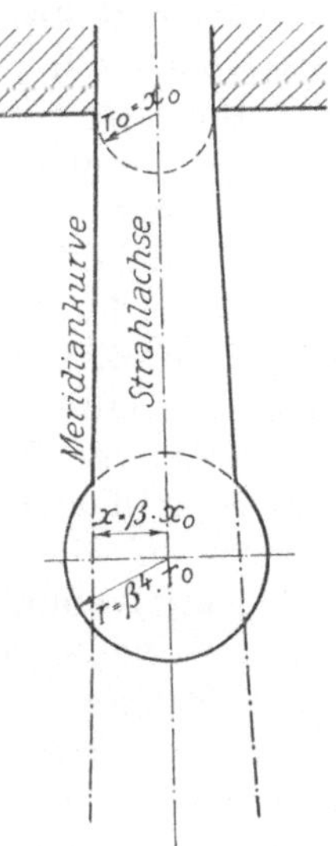

Abb. 49. Ausbauchung der Stirnfläche des Strahles als Ursache des Strahlzerfalls in Tröpfchen (schematisch).

$$r = 2\,a\,\frac{g}{\gamma_l}\cdot\frac{\beta^2}{\psi}\cdot\frac{\left(\frac{1}{2}\,cy\sqrt{w_0} + 1\right)^2}{w_0^2},$$

Der Wert c und y in diese Gleichung eingesetzt, ergibt

$$r = 2\,a\,\frac{g}{\gamma_l}\,\frac{\beta^2}{\psi}\cdot\frac{\left[\frac{1}{2}\cdot\frac{3}{2}\,\psi\,\frac{\gamma_l}{\gamma_b}\,\frac{1}{x_0\sqrt{w_0}}\cdot\sqrt{w_0}\cdot\frac{1}{\psi}\cdot\frac{4}{3}\cdot\frac{\gamma_b}{\gamma_l}\,x_0\,(\beta-1) + 1\right]^2}{w_0^2}$$

und schließlich

$$r = 2\,a\cdot\frac{g}{\gamma_l}\cdot\frac{\beta^4}{\psi}\cdot\frac{1}{w_0^2}.$$

Ersetzen wir, wie vorhin w_0^2 durch $P_{\ddot{u}}$ nach der Gleichung (27)

$$w_0^2 = 2\,g\,\frac{P_{\ddot{u}}}{\gamma_b},$$

so erhalten wir

$$r = a\cdot\frac{\gamma_b}{\gamma_l}\cdot\frac{1}{\psi}\cdot\frac{1}{P_{\ddot{u}}}\cdot\beta^4 = r_0\cdot\beta^4 \tag{29}$$

Wir sehen aus Gleichung (29), daß r der Radius der kugelförmigen Stirnfläche des Strahles mit der vierten Potenz von $\beta = \dfrac{x}{x_0}$ zunimmt, während gleichzeitig der Radius x der Meridiankurve nur im einfachen Verhältnis mit β zunimmt, wie aus der Gleichung $x = x_0 \cdot \beta$ sich ergibt.

Es wird also mit der Strahllänge r bedeutend schneller wachsen als x (Abb. 49).

Um das Gleichgewicht zwischen Normaldruck der Oberflächenspannung und dem Reibungsdruck herzustellen, um also eine stabile Gleichgewichtsform der Stirnfläche des Strahles herzustellen, muß sich das Flüssigkeitsvolumen am Stirnende des Flüssigkeitsstrahles entsprechend der stabilen Gleichgewichtsform ausbauchen (Abb. 49). Nun zeigen physikalische Untersuchungen von Kapillarwellen auf Flüssigkeitsstrahlen[1]) daß Ausbauchungen der Strahloberfläche, hervorgerufen durch ein stationäres Wellensystem auf einem Flüssigkeitsstrahl, die theoretisch größer als das π-, praktisch das Vierfache des mittleren Strahldurchmessers an dieser Stelle sind, das Abschnüren dieses ausgebauchten Flüssigkeitsvolumens zur Folge hat. In unserem Falle wird die Ausbauchung durch die sich ergebende Gleichgewichtsform der Stirnfläche des Strahles aus Reibungsdruck und Normaldruck erzeugt. Erreicht der Durchmesser der Stirnoberfläche der in diesem theoretischen Falle Kugelgestalt hat, in y das π-fache bzw. 4-fache des mittleren Strahldurchmessers, der sich aus der Gleichung der Meridiankurve ergibt, so erfolgt ein Abschnüren, ein Zerfallen des Flüssigkeitsstrahles an dieser Stelle.

Es ergibt sich die Frage, ob nicht die Möglichkeit bestünde, daß bei Flüssigkeitsstrahlen, die unter hohem Druckgefälle ausströmen, sich ebenfalls Kapillarwellen von solcher Wellenlänge ausbilden, daß dadurch der Zerfall des Strahles sich ergibt.

Untersuchungen des fallenden Flüssigkeitsstrahles[2]), der mit sehr kleiner Druckhöhe ausströmt, so daß als äußere Kraft nur die Schwerkraft wirkt, während der Reibungswiderstand infolge der ganz geringen Ausflußgeschwindigkeit — in dieser Untersuchung wird mit Strahlgeschwindigkeiten von 0,3—0,8 *m/sek.* gerechnet — vernachlässigbar klein wird, zeigen, daß ein annähernd stationäres Wellensystem auf der Flüssigkeitsoberfläche, das sich mit der mittleren Strahlgeschwindigkeit aber in entgegengesetzter Richtung bewegt, so daß Relativgeschwindigkeit zwischen Wellensystem und Strahl verschwindet, ein Zerfallen des Strahles unter den früher angegebenen Bedingungen zur Folge hat.

Die Fortpflanzungsgeschwindigkeit eines Wellensystems auf ebener Flüssigkeitsoberfläche ist nach Thomson

---

[1]) Winkelmann, Handbuch d. Physik I, 2. S. 1206.

[2]) Scheuermann, Annalen d. Physik, Bd. 60, IV. Folge, Gestalt und Auflösung des fallenden Flüssigkeitsstrahles.

$$w = \sqrt{\frac{2\,\pi\,a}{\lambda} \cdot \frac{g}{\gamma_b}} \qquad (30)$$

wobei λ die Wellenlänge bedeutet.

Die Fortpflanzungsgeschwindigkeit eines Wellensystems auf einer kreisförmigen Strahloberfläche ist, wie die Untersuchungen von Scheuermann für die verwendete größte Ausflußgeschwindigkeit von — 0,8 m/sec zeigt, nur um ungefähr 2 v. H. kleiner als sie die Thomsonsche Formel ergibt. Mit steigender Strahlgeschwindigkeit vermindert sich jedoch der Unterschied, so daß wir für unsere Untersuchung mit genügender Genauigkeit die Thomsonsche Formel anwenden können.

Soll sich also ein stationäres Wellensystem ausbilden, so muß seine Fortpflanzungsgeschwindigkeit gleich groß, aber entgegengesetzt der Strahlgeschwindigkeit sein.

Es muß also in der Thomsonschen Formel w gleich sein

$$w = \sqrt{2\,g\,\frac{P_{\ddot{u}}}{\gamma_b}}$$

für den Mündungsstrahlquerschnitt und an der Stelle y der der Strahlgeschwindigkeit an dieser Stelle entsprechenden Druckhöhe.

In Tabelle 18 ist die Thomsonsche Formel für veränderliche Geschwindigkeit zahlenmäßig ausgewertet.

Dabei ist

$$\gamma_b = 900 \; kg/m^3$$
$$\alpha = 0,003 \; kg/m$$

gesetzt.

Tabelle 18

$w^{m/sec}$	λ^{mm}	$2_{r_0}{}^{mm}$
40	0,0001285	0,147
80	0,0000321	0,0368
120	0,0000143	0,01635
160	0,000008	0,0092
200	0,00000519	0,0059
240	0,0000036	0,0041
280	0,0000026	0,003

Abb. 50 zeigt auf Grund der Tabelle 18 die Abhängigkeit der Wellenlänge eines stationären Wellensystems von der Strahlgeschwindigkeit. Es finden sich darin auch die auf Grund der aufgestellten Gleichungen zugehörigen Strahldurchmesser $2\,r_0$. Ein Zerfallen von Flüssigkeitsstrahlen durch Kapillarwellen verlangt eine π- bzw. 4-fache Wellenlänge als der mittlere Strahldurchmesser beträgt. Wie Abb. 50 zeigt, bleibt im Falle des Flüssigkeitsstrahles, der unter hohem Druckgefälle ausströmt, die Wellenlänge bedeutend hinter dem Strahldurchmesser zurück, so daß ein Zerfallen durch Kapillarwellen außer Bereich der Möglichkeit gerückt erscheint[1]).

Es verbleibt also als einzige Ursache des Strahlzerfalls die Wirkung des Reibungsdruckes und des Normaldruckes der Oberflächenspannung auf die Stirnfläche des Flüssigkeitsstrahles. Erreicht der Durchmesser der theoretisch kugelförmigen Ausbauchung das π- bzw. 4-fache des Strahldurchmessers, so schnürt sich das ausgebauchte Flüssigkeitsvolumen ab und bewegt sich nun als selbständiges Flüssigkeitsteilchen unter Geschwindigkeitsverzögerung weiter fort.

Zur folgenden Untersuchung seien wieder die gleichen Zahlenwerte angenommen, wie beim Zerstäubungsvorgang mittels Einblaseluft.

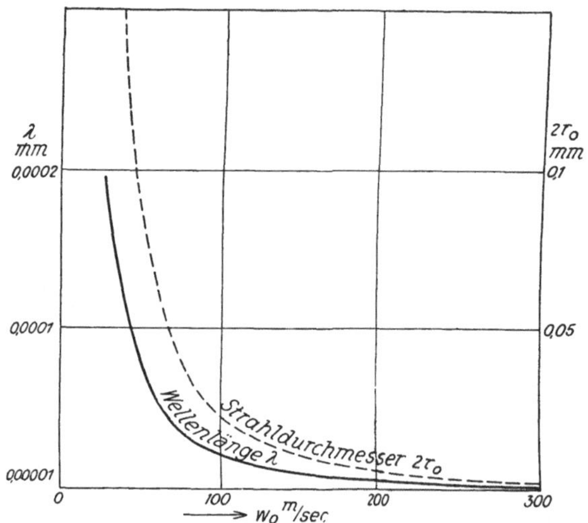

Abb. 50. Abhängigkeit der Kapillarwellenlänge von der Strahlgeschwindigkeit.

---

[1]) Die heutige physikalische Anschauung, daß der Zerfall des „fallenden Strahles", der bis heute einzigen physikalisch behandelten Untersuchung, nur durch die Wirkung der Kapillarwellen entsteht, erscheint jedenfalls weit hergeholt. Der Verfasser ist der Ansicht, daß auch beim „fallenden Strahl" in ähnlicher Weise der Strahlzerfall durch die Ausbauchung am Stirnende des Strahles vor sich gehen kann, wie bei dem in dieser Abhandlung behandelten Fall des Strahlzerfalles unter Einwirkung der Reibungskraft. Man kann auch einen „fallenden Strahl" ohne Auftreten von Kapillarschwingungen erzeugen, der ebenfalls nach einer gewissen Strahllänge zerfällt. Bei den physikalischen Versuchen über den fallenden Strahl werden Kapillarwellen stets künstlich erzeugt durch Eintauchen einer Nadel in den Strahl und dergleichen.

Es sei

der Reibungskoeffizient .... $\psi = 0{,}04$

die Oberflächenspannung................. $a = 0{,}003\ kg/m$

das spezifische Brennstoffgewicht ....$\gamma_b = 900\ kg/m^3$.

Die Untersuchung erfolge unter der Annahme, daß $r_0 = x_0$ sei.

In der Tabelle 19 sind die Gleichungen

$$p = r_0 \cdot \beta^4 \qquad \text{und} \qquad x = r_0 \cdot \beta, \text{ da } r_0 = x_0 \text{ ist, aus-}$$

gewertet.

Tabelle 19

β	1	1,1	1,2	1,3	1,4	1,5	1,6	1,7
β^4	1	1,464	2,074	2,86	3,84	5,06	6,55	8,35
β^3	1	1,344	1,728	2,2	2,745	3,38	4,1	4,91

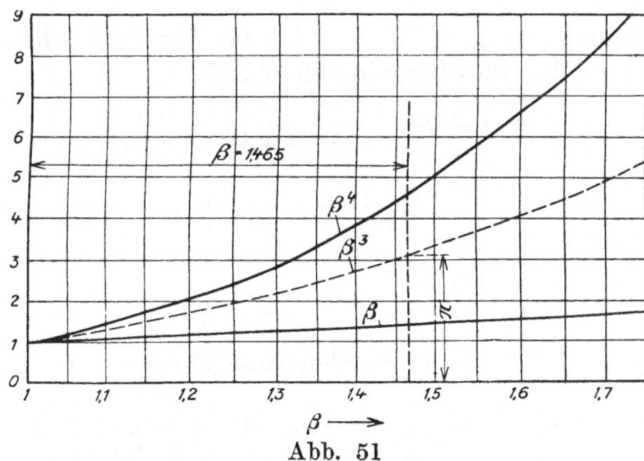

Abb. 51

In Abb. 51 sind beide Gleichungen als Kurve, bzw. Gerade über β aufgetragen. Zur Ermittlung jener Größe von β, für welche $2\,r = 2\pi\,x$ wird, ist auch die Kurve des Quotienten $\dfrac{r}{x} = \dfrac{\beta^4}{\beta} = \beta^3$ aufgetragen. Die kritische Größe von β, für die der Strahlzerfall eintritt, ergibt sich für

$$\beta^3 = \pi \qquad \text{mit} \qquad \beta = \sqrt[3]{\pi} = 1{,}465.$$

Es wird also für $x = 1{,}465\ x_0$ der Strahlzerfall und die Auflösung des Strahles in einzelne Flüssigkeitsteilchen eintreten, wobei der mittlere Radius r_1 der annähernd kugelförmigen Flüssigkeitsteilchen gleich sein wird

$$r_1 = \pi \cdot 1{,}465 \cdot r_0 = 4{,}6\, r_0.$$

Setzen wir die angenommenen Zahlenwerte von α, ψ und γ_b ein, so erhalten wir für r_0

$$r_0^m = \alpha \frac{\gamma_b}{\gamma_l} \cdot \frac{1}{\psi} \cdot \frac{1}{P_{\ddot{u}}} = \frac{0{,}003}{0{,}04} \cdot 900 \cdot \frac{1}{\gamma_l \cdot P_{\ddot{u}}} = 67{,}5 \frac{1}{P_{\ddot{u}} \cdot \gamma_l}$$

oder für r_0 in mm

$$(31) \qquad r_0^{mm} = 67{,}5 \cdot 10^3 \frac{1}{\gamma_l \cdot P_{\ddot{u}}} = 6{,}75 \frac{1}{\gamma_l \cdot p_{\ddot{u}}}$$

Es ist

$$r_1^m = 4{,}6 \cdot r_0 = 4{,}6 \cdot 67{,}5 \cdot \frac{1}{\gamma_l \cdot P_{\ddot{u}}} = 311 \frac{1}{P_{\ddot{u}} \cdot \gamma_l},$$

oder r_1 in mm

$$(32) \qquad r_1^{mm} = 311 \cdot 10^3 \frac{1}{P_{\ddot{u}} \cdot \gamma_l} = 31{,}1 \frac{1}{p_{\ddot{u}} \cdot \gamma_l}$$

Wir erhalten für y_1, die kritische Strahllänge, für die der Strahl zerfällt und sich in einzelne Flüssigkeitsteilchen auflöst:

$$y_1^m = \frac{1}{\psi} \frac{4}{3} \frac{\gamma_b}{\gamma_l} \cdot r_0 \, (\beta - 1), \text{ für } \beta = 1{,}465,$$

$$y_1^m = \frac{1}{\psi} \frac{4}{3} \cdot \gamma_b \cdot 0{,}465 \cdot r_0 \cdot \frac{1}{\gamma_l} = \frac{1}{0{,}04} \cdot \frac{4}{3} \cdot 900 \cdot 0{,}465 \cdot r_0 \cdot \frac{1}{\gamma_l},$$

$$(33) \qquad y_1^{mm} = 13950 \cdot r_0^{mm} \cdot \frac{1}{\gamma_l}$$

Setzen wir den Wert von r_0 in die Gleichung 33 ein, so erhalten wir

$$y_1^{mm} = 13950 \cdot 67{,}5 \cdot 10^3 \cdot \frac{1}{\gamma_l^{\,2} \cdot P_{\ddot{u}}} = 94{,}2 \cdot 10^7 \cdot \frac{1}{\gamma_l \cdot P_{\ddot{u}}} = 94{,}2 \cdot 10^3 \frac{1}{\gamma_l^{\,2} \cdot p_{\ddot{u}}}.$$

Schreiten wir nun zur Diskussion der Gleichung 31

$$r_0^{mm} = 67{,}5 \cdot 10^3 \cdot \frac{1}{\gamma_l \cdot P_{\ddot{u}}} = 6{,}75 \frac{1}{\gamma_l \cdot p_{\ddot{u}}} :$$

r_0 ist für eine gegebene Flüssigkeit (Treiböl) verkehrt proportional dem spezifischen Gewicht des Mediums (Luft, Verbrennungsgase), in welches der Strahl einströmt. Anderseits verkehrt proportional dem Strahlüberdruck. Je größer also die Luftdichte $\sigma = \dfrac{\gamma_l}{g}$ ist und je größer der Strahlüberdruck ist, desto kleiner ist r_0.

Es sei nun eine kreisförmige Düsenmündung gegeben, die bei gegebenem γ_l und $p_{\ddot{u}}$ so beschaffen ist, daß der Düsenradius $r_d = r_0 = x_0$ sei. Mit der Änderung von γ_l und $p_{\ddot{u}}$ ändert sich auch r_0. Der Mündungsradius r_d bleibt konstant. Es können nun infolge der Veränderlichkeit des γ_l und $p\ddot{u}$ drei Fälle eintreten.

1. $r_0 = r_d$.
2. $r_0 < r_d$.
3. $r_0 > r_d$.

Ad 1. Der Flüssigkeitsstrahl verläßt geschlossen und ungetrübt (mit der Farbe der Flüssigkeit) die Düsenmündung und zerfällt gesetzmäßig, sobald er die Länge y_1 erreicht hat.

Ad 2. Ist nun r_0 kleiner als r_d, so müssen sich nun je nach der Größe von r_0 nach den abgeleiteten Gesetzen der Gleichgewichtsbedingung einer Flüssigkeitsoberfläche mehrere Flüssigkeitsstrahlen bilden, weil eben infolge des gegebenen Reibungsdruckes sich eine Stirnfläche von r_d nicht bilden kann. Da sich zwischen den einzelnen Flüssigkeitsstrahlen das Medium (Luft) befindet, so muß infolge der auftretenden Lichtbrechung der Strahl undurchsichtig von milchigweißer Farbe sein. Das Zerfallen der Strahlen wird wieder gesetzmäßig bei einer r_0 entsprechenden Strahllänge von y_1 theoretisch eintreten. Praktisch dürfte durch auftretende gegenseitige Störung der einzelnen Strahlen auch schon bei kleinerer Länge der Zerfall in Tropfen eintreten. Doch sind diese Störungen für theoretische Untersuchungen kaum faßbar.

Ad 3. Ergibt der aus γ_l und p_{ti} resultierende Reibungsdruck ein r_0, das größer als r_d ist, so wird nun bis zu einer gewissen Größe von r_0 der Strahl bestehen können, er wird jedoch, weil die Strahlradien der Meridiankurvengleichung von r_d abhängen, viel früher zerfallen als es für den Fall 1 y_1 angibt, weil der 4-fache Durchmesser der Ausbauchung infolge des zu kleinen Mündungsradius schneller erreicht wird. Bei einer theoretischen Größe von $r_0 = 4\,r_d$ kann sich ein Flüssigkeitsstrahl nicht mehr ausbilden, es tritt von hier an bei noch weiterem Steigen von r_0 bei konstantem $r_{\overline{d}}$ nur mehr Abtropfen statt. In der Wirklichkeit wird sich jedoch bei genügend großem r_d bereits der Einfluß der Schwerkraft geltend machen, so daß es doch noch zu einer Strahlbildung kommt. Ist jedoch r_d nur Bruchteile von Hundertstelmillimeter, so wird sich infolge verschwindendem Einfluß der Schwerkraft der Fall in beschriebener Weise ausbilden. Das Schwitzen von Stahlzylindern bei hydraulischen Pressen, ferner die Beobachtung bei Stopfbüchsen, die zur Flüssigkeitsabdichtung dienen, daß bis zu einem gewissen Flüssigkeitsdruck das sogenannte Stopfbüchsenwasser nur abtropft, von einem gewissen Überdruck an sich jedoch Flüssigkeitsstrahlen an der Stopfbüchse bilden, findet so eine theoretische Erklärung. Fall 3 ist natürlich auch in einfacher Weise theoretisch faßbar, doch wollen wir uns mit dieser Erklärung begnügen.

Für den Einspritzvorgang bei kompressorlosen Dieselmaschinen kommt hauptsächlich Fall 2 in Betracht, der jedoch mit den entwickelten

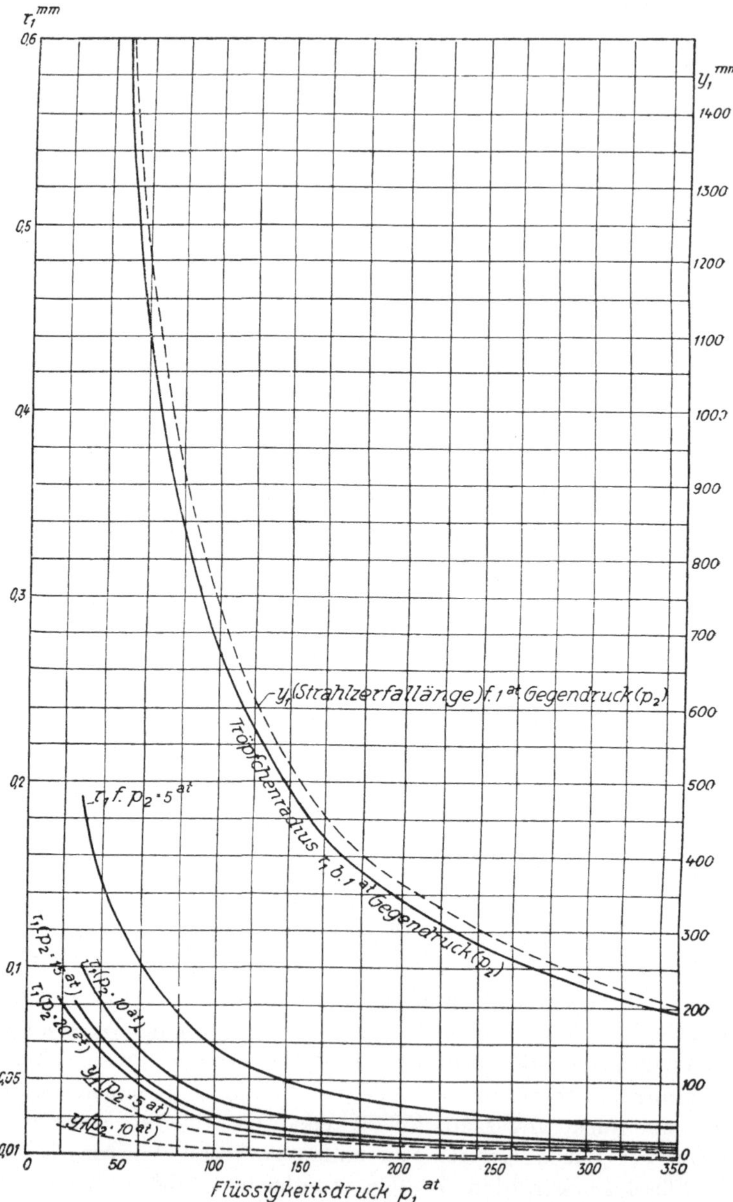

Abb. 52. Strahlzerfall. Tropfengröße abhängig vom Flüssigkeitsdruck p_1 und Gegendruck p_2.

Gleichungen (31), (32), (33) für r_0, r_1 und y_1 des Falles 1 untersucht werden kann mit der Berücksichtigung, daß sich so viele einzelne Strahlen ausbilden werden, als das Verhältnis

$$\frac{\text{Düsenmündungsquerschnitt } (r_d^2\,\pi)}{\text{Querschnitt des einzelnen Strahles } (r_0^2\,\pi)}\ \text{angibt.}$$

Fall 3 kann praktisch im Moment des Beginnes und des Schlusses des Einspritzvorganges, wo der Flüssigkeitsdruck im allgemeinen tiefer sein wird als der annähernd konstante Flüssigkeitsdruck während des übrigen Teiles des Einspritzvorganges, eintreten und kann dann besonders bei Eintreten des Abtropfens am Abschluß des Einspritzvorganges verstärkt durch auftretende Schwingungen in der Brennstoffzuleitung starkes Nachbrennen verursachen. Der abgetropfte Brennstoff wird eventuell überhaupt nicht mehr zur vollständigen Verbrennung kommen und wird den so häufig bei kompressorlosen Maschinen zu beobachtenden bläulich weißen Auspuff zur Folge haben.

Über den größten Teil des Einspritzvorganges stellt sich bei genügend hohem Flüssigkeitsdruck und genügend großer Luftdichte Fall 2 ein. Da Fall 2 aus Flüssigkeitsstrahlen des Falles 1 besteht, also durch Fall 1 eindeutig bestimmt ist, so legen wir der weiteren Untersuchung die abgeleiteten Gleichungen (31), (32), (33) des Falles 1 zugrunde.

In Tabelle 20 ist die Abhängigkeit des r_0, r_1, y_1 von γ_l und $p_{\ddot{u}}$ zahlenmäßig ausgewertet. In Abb. 52 sind r_0, r_1 und y_1 als Kurven konstanten γ_l über $p_{\ddot{u}}$ auf Grund der errechneten Tabellenwerte dargestellt.

Aus der Abb. 52 ist die Verkleinerung des r_0 und r_1 (Hyperbel) und y_1 mit dem Größerwerden des p_1 und des γ_l anschaulich zu sehen.

Wir sehen aber auch zugleich aus Abb. 52, daß ein Flüssigkeitsstrahl, den man mit bestimmtem Flüssigkeitsdruck in die freie Luft ausströmen läßt, in keiner Weise ein Bild geben kann, für den Vorgang in der Maschine, dem ein $\dfrac{1}{\gamma_l}$ von ungefähr $0{,}08 - 0{,}1\ m^3/kg$ entspricht. Während z. B. für einen Flüssigkeitsdruck von 200 At. sich im Freien der Strahlzerfall erst in einer Entfernung von 367 mm theoretisch ergibt, tritt er bei einem Gegendruck von 10 At. (300^0 abs.) der Luft schon nach 3,84 mm von der Düsenmündung ein.

Es sei nun noch im folgenden mit Hilfe eines Vollastdiagrammes einer kompressorlosen Dieselmaschine (Bauart Hesselmann) der Einspritzvorgang untersucht. Das Diagramm zeigt Abb. 53.

In der Tabelle 21 sind über einem Kurbelwinkelbereich, der in weiten Grenzen für den Einspritzvorgang in Betracht kommt, die Werte von r_0, r_1, y_1 und die Summe der Oberflächen der zerstäubten Brennstoffteilchen für 1 g Brennstoff ermittelt.

8*

Tabelle 20

$p_{1\,at}$		$T_2\,^{\circ}abs$	300	300	300	300	300
		p_2^{at}	1	5	10	15	20
		$\dfrac{1}{\gamma\,l}\,m^3/kg =$	0,88	0,176	0,088	0,05865	0,044
50		p_{ii}^{at}	49	45	40	35	30
		$T_0\,^{mm}$	0,1212	0,0264	0,01485	0,0113	0,0099
		$r_1\,^{mm}$	0,558	0,1215	0,0683	0,052	0,0456
		$y_1\,^{mm}$	1488	64,8	18,24	9,25	6,08
100		p_{ii}^{at}	99	95	90	85	80
		$r_0\,^{mm}$	0,06	0,0125	0,0066	0,00466	0,00371
		$r_1\,^{mm}$	0,276	0,0575	0,0304	0,0214	0,01708
		$y_1\,^{mm}$	737	30,7	8,1	3,81	2,28
150		p_{ii}^{at}	149	145	140	135	130
		$r_0\,^{mm}$	0,0399	0,0082	0,00424	0,00293	0,00228
		$r_1\,^{mm}$	0,184	0,0377	0,0195	0,0135	0,0105
		$y_1\,^{mm}$	490	20,15	5,21	2,4	1,4
200		p_{ii}^{at}	199	195	190	185	180
		$r_0\,^{mm}$	0,0299	0,0061	0,00313	0,00214	0,00165
		$r_1\,^{mm}$	0,1375	0,028	0,0144	0,00985	0,0076
		$y_1\,^{mm}$	367	15	3,84	1,75	1,013
250		p_{ii}^{at}	249	245	240	235	230
		$r_0\,^{mm}$	0,0239	0,00485	0,002475	0,001685	0,00129
		$r_1\,^{mm}$	0,11	0,0223	0,0114	0,00775	0,00594
		$y_1\,^{mm}$	293,5	11,9	3,04	1,377	0,7925
300		p_{ii}^{at}	299	295	290	285	280
		$r_0\,^{mm}$	0,01986	0,00403	0,00205	0,00139	0,00106
		$r_1\,^{mm}$	0,0914	0,0185	0,009425	0,0064	0,00488
		$y_1\,^{mm}$	244	9,9	2,52	1,136	0,65

In Abb. 54 sind die Tabellenwerte wie vorhin als Kurven aufgezeichnet.

Das Optimum an Zerstäubung tritt für den inneren Totpunkt ein. Vergleichen wir die Tröpfchengröße, bzw. die Summe der Tröpfchenoberflächen für 1 g Brennstoff des Einblaseverfahrens mit der bei reiner Druckeinspritzung, so sehen wir hinsichtlich der Zerstäubung, die Überlegenheit der Zerstäubung durch Einblaseluft gegenüber der Zerstäubung bei reiner Druckeinspritzung. Sie wird teilweise durch das Fehlen der kalten Einblaseluft gewissermaßen ausgeglichen. Es ist jedoch, wie wir im Abschnitt über die Verwirbelungsarbeit

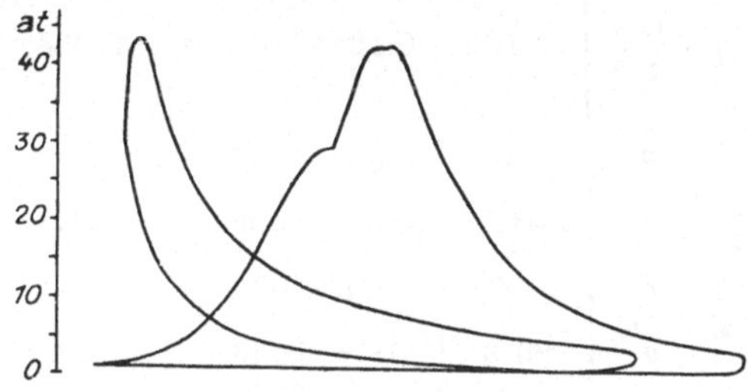

Abb. 53. Vollastdiagramm einer kompressorlosen Dieselmaschine (Bauart Hesselmann).

sehen werden, die größere Brennstoffteilchengröße von Vorteil für das kompressorlose Verfahren.

Fassen wir die bisherigen Ergebnisse kurz zusammen, so können wir feststellen:

1. a) Die Tröpfchengröße ist unabhängig vom Düsendurchmesser,

b) Sie ist direkt proportional der Oberflächenspannung a, dem spezifischen Gewichte γ_b des Treiböles und

c) verkehrt proportional dem Überdruck p_{ii} des Treiböles und der Dichte des Mediums, in welches der Strahl einströmt.

2. a) Die Strahllänge, für die der Strahlzerfall eintritt, ist, von einer gewissen Größe der Mediumdichte und des Strahlüberdruckes (für die $r_0 = r_d$ dem Mündungsdurchmesser ist) an, unabhängig vom Düsendurchmesser,

b) direkt proportional der Oberflächenspannung a und dem spezifischen Gewichte γ_b des Treiböles,

c) verkehrt proportional dem Überdruck des Treiböles und dem Quadrate der Dichte des Mediums (Luft, Verbrennungsgase), in welches der flüssige Brennstoff einströmt.

3. Unterhalb einer gewissen Größe der Mediumdichte und des Strahlüberdruckes nimmt für einen gegebenen Durchmesser, mit dem Abnehmen des Strahlüberdruckes und der Mediumdichte die Länge des geschlossenen Strahles ebenfalls ab, um schließlich bei einem gewissen Überdruck und einer gewissen Dichte zum Abtropfen von der Mündung zu degenerieren.

Wir sehen aus den bisherigen Betrachtungen, daß auch hier, wie beim Einblasevorgang der Kompressordieselmaschinen, die T r ö p f c h e n-

$$r_0,\ r_1,\ y_1 \text{ in } {}^{mm},\ p_{ii} \text{ in } {}^{at}$$

Tabelle

	p_2^{at}	14	18	22	26	30	34	38	40
	α^0	32,5	24,5	16,5	8,5	0			
	$v_l = \frac{1}{\gamma_l}\frac{m^3}{kg}$	0,152	0,1255	0,1062	0,094	0,084	0,087	0,0913	0,0937
$p_1 = 100^{at}$	p_{ii}	86	82	78	74	70			
	r_0	0,012	0,01	0,0092	0,0086	0,0061			
	r_1	0,055	0,0475	0,0423	0,0394	0,0373			
	y_1	25.3	18,1	13,6	11,2	9,5			
$p_1 = 150^{at}$	p_{ii}	136	132	128	124	120			
	r_0	0,0076	0,0064	0,0056	0,0051	0,0047			
	r_1	0,0347	0,0295	0,0258	0,0235	0,0217			
	y_1	16,03	11,24	8,3	6,67	5,54			
$p_1 = 200^{at}$	p_{ii}	186	182	178	174	170			
	r_0	0,0055	0,0046	0,004	0,0036	0,0033			
	r_1	0,0254	0,0214	0,0186	0,0167	0,0154			
	y_1	11,7	8,15	5,98	4,76	3,91			
$p_1 = 250^{at}$	p_{ii}	236	232	228	224	220			
	r_0	0,0044	0,00365	0,00315	0,00283	0,00258			
	r_1	0,02	0,0168	0,0145	0,013	0,0113			
	y_1	9,25	6,39	4,67	3,7	3,02			
$p_1 = 300^{at}$	p_{ii}	286	282	278	274	270	266	262	260
	r_0	0,0036	0,003	0,0026	0,0023	0,0021	0,0022	0,0024	0,00243
	r_1	0,0165	0,0138	0,012	0,0106	0,0097	0,0102	0,0108	0,0112
	y_1	7,62	5,25	3,82	3'02	2,46	2,68	2,995	3,18
$p_1 = 350^{at}$	p_{ii}	336	332	328	324	320			
	r_0	0,00306	0,0026	0,0022	0,00195	0,00177			
	r_1	0,014	0,0117	0,0106	0,009	0,0081			
	y_1	6,48	4,47	3,24	2,56	2,08			

21

42	43	42	40	38	34	30	26	22	18
0,0967	0,111	0,1275	0,135	0,142	0,16	0,182	0,212	0,2465	0,294
258	257	258	260	262	266	270	274	278	282
0,00253	0,0029	0,0033		0,0031		0,0045		0,0059	
0,0116	0,0134	0,0153		0,017		0,021		0,028	
3,41	4,52	5,94		7,82		11,5		20,6	

größe nur von der größten **Relativgeschwindigkeit** zwischen Flüssigkeit und Medium abhängig ist. Da im Verlauf des Einströmens, wie aus den bisherigen Untersuchungen hervorgeht, die Brennstoffteilchen keine Beschleunigung, sondern nur eine Verzögerung erfahren, die

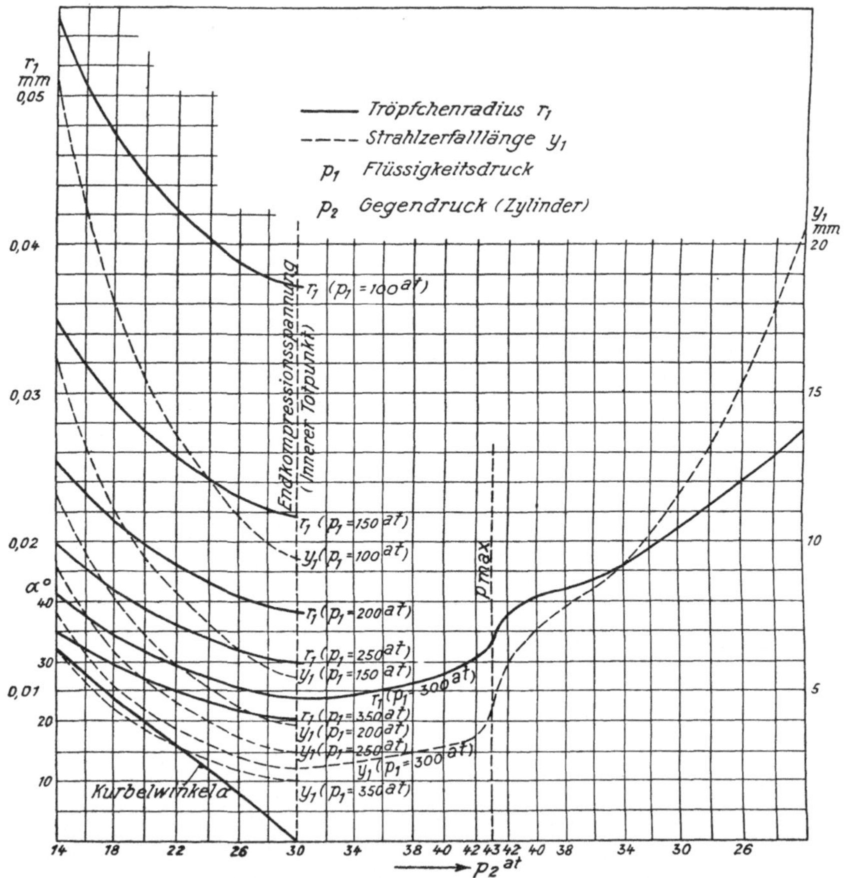

Abb. 54. Strahlzerfallänge, Tröpfchengröße innerhalb des möglichen Einspritzbereiches an der wirklichen Maschine, ermittelt aus Abb. 53.

Relativgeschwindigkeit zwischen Brennstoffteilchen und Verbrennungsluft im Zylinder immer mehr **abnehmen muß**, kann ein weiteres Zerstäuben der Flüssigkeitsteilchen nach dem Strahlzerfall nicht mehr eintreten, abgesehen natürlich davon, daß bei etwaigen Aufprallen auf den Kolbenboden oder die Zylinderwände die Teilchen weiter zerfallen können. (Es wird aber auch durch das Aufprallen der noch unzerfallenen Flüssigkeitsstrahlen, wie leicht einzusehen ist, eventuell ein vorzeitiger Zerfall eintreten.)

In den „Untersuchungen über den Einspritzvorgang bei Dieselmaschinen"[1]) leitet Dr. Riehm auf Grund von Versuchen aus dem Verlauf der Geschwindigkeitskurven ein allmähliches Zerfallen der Flüssigkeitsteilchen über die Verzögerungsweglänge ab. Wie aus den bisherigen Untersuchungen hervorgeht, ist das nicht möglich, umsomehr als sich bei den dortigen Versuchen dem Flüssigkeitsstrahl und den Teilchen auf ihrem Wege bis zur Meßplatte kein Hindernis in der oben erwähnten Art entgegenstellte.

In Abb. 55 stellt die Kurve a eine schematische Geschwindigkeitswegkurve dar, wie sie sich nach den Riehmschen Versuchen ergibt. Die Erklärung für diese Kurvenform ergibt sich wohl damit, daß durch die gewählte Versuchseinrichtung nicht nur der dynamische Druck des Flüssigkeitsstrahles, sondern auch der vom Flüssigkeitsstrahl mitgerissenen Luft gemessen wurde. Die den Strahl umgebende Luft hat die Verzögerungsarbeit des Flüssigkeitsstrahles zu leisten. Selbstverständlich nimmt der Einfluß der mitgerissenen Luft mit der Entfernung der Meßscheibe von der Düsenmündung immer mehr ab. Es erklärt sich dadurch in einfacher Weise der Wendepunkt der Kurve a. Den richtigen Verlauf der Geschwindigkeitswegkurve der ausströmenden Flüssigkeit würde sich schematisch nach Kurve b ergeben, unter der Annahme, daß der Reibungskoeffizient ψ, der ja von der Gestalt der Flüssigkeits-

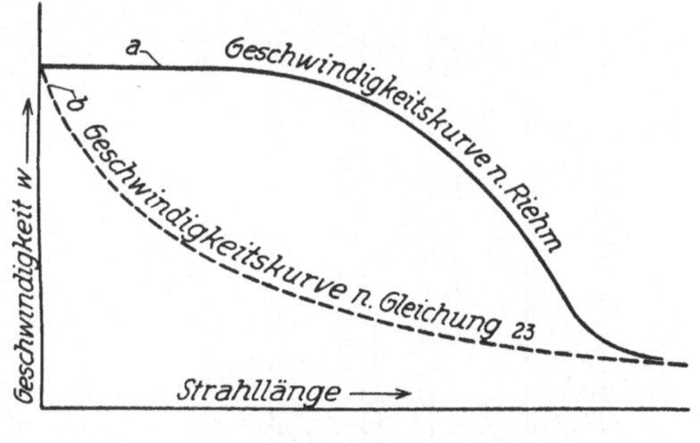

Abb. 55

teilchen abhängt, für den noch geschlossenen Strahl und für die zerfallenen Brennstoffteilchen derselbe ist. Andernfalls würde sich an der Stelle des Strahlzerfalles eine Ecke in der Kurve ausbilden, der Charakter der Kurve b würde an sich jedoch erhalten bleiben.

2. Der Einspritzvorgang bei praktisch ausgeführten Düsen

Bei den heute gebräuchlichen Düsenausführungen für reine Druckeinspritzung kann man zwei Hauptgruppen unterscheiden:

1. (Dauernd) „offene Einspritzdüse", die durch ein dickwandiges

---

[1]) Z. d. V. d. I., Bd. 68, S. 641.

Rohr mit der Brennstoffpumpe verbunden ist. (Ausführung der MAN.) (Abb. 56.)

2. „Geschlossene Einspritzdüsen" in den Hauptformen nach Bauart Deutz, Krupp und Hesselmann.

Bauart Deutz (Abb. 57) schließt durch eine federbelastete Düsennadel unmittelbar an der Düsenmündung ab.

Beide Hauptgruppen kann man wieder unterteilen in Einloch- und Mehrlochdüsen.

Die Ventile der Hauptgruppe 2 sind selbsttätige Ventile; der Brennstoffdruck beim Eröffnen der Ventilnadel ist durch Verstellen der Ventilfeder veränderlich.

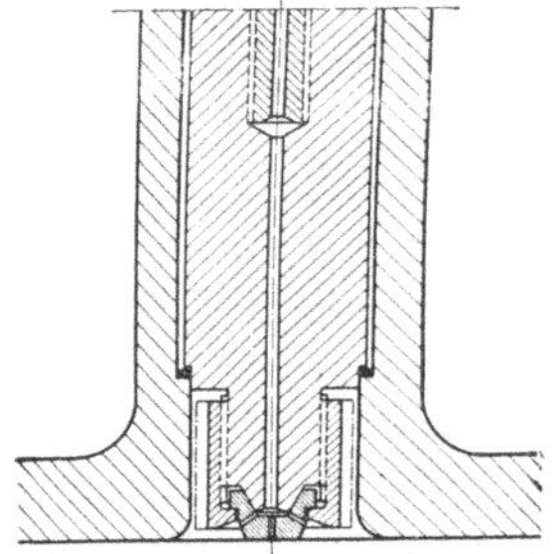

Abb. 56. Offene Einspritzdüse (MAN).

Der Vorteil der „offenen Einspritzdüse" ist der einfache konstruktive Aufbau, ein Nachteil, daß infolge der steten Verbindung mit der Brennstoffpumpe die Größe des Flüssigkeitsdruckes während des Einspritzvorganges in stärkerem Maße veränderlich sein wird, als bei „geschlossenen Einspritzdüsen", wo infolge der Ventilfeder sich ein nur in engen Grenzen veränderlicher Flüssigkeitsdruck während des Einspritzvorganges einstellen wird.

Der Vorteil der geschlossenen Einspritzdüse besteht, wie schon oben erwähnt, darin, daß infolge des selbsttätigen Ventiles ein nur in engeren Grenzen veränderlicher Flüssigkeitsdruck während des Einspritzvorganges sich einstellen wird. Damit ist, nach den bisherigen Untersuchungen über den Strahlzerfall eine in engen Grenzen veränderliche Zerstäubungsgüte über die Einspritzzeit erreicht.

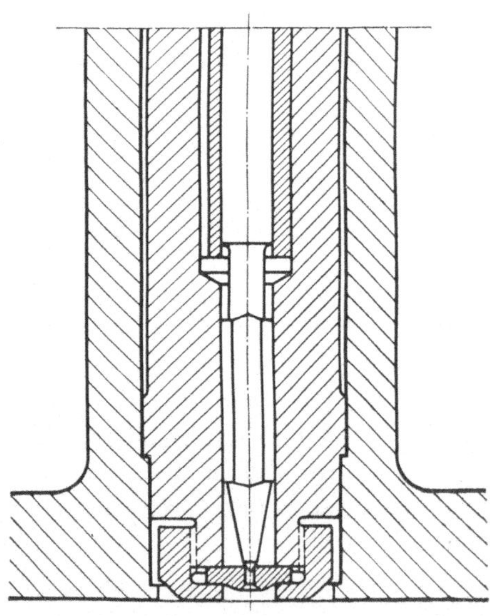

Abb. 57. Geschlossene Einspritzdüse (Deutz).

Die eigentliche Düsenlänge des steuernden Düsenmündungsquerschnittes, bestimmt durch die Stärke des Düsenplättchens, ist gering. (Vgl. Abb. 56, 57.) Beim Übergang des großen freien Querschnittes vor dem Düsenplättchen in den engen Düsenplättchenquerschnitt bildet sich, hydrodynamisch begründet, eine Strahlkontraktion in Verbindung einer Drallbewegung aus. Bei nicht entsprechend großer Düsenlänge ist die Drallbewegung an der Mündung noch vorhanden. Die Folge ist das Auftreten von Kräften, die normal zur Strahlrichtung wirken. Diese Kräfte, sie seien Seitenkräfte genannt, addieren sich in ihrer Wirkung zur Wirkung des Reibungswiderstandes.

Gegenüber den Ergebnissen der theoretischen Untersuchungen des Strahlzerfalles muß daher praktisch der Querschnitt des Strahlkegels schneller zunehmen, der Strahl wird sich mehr ausbreiten, die Flüssigkeitsoberfläche des Strahles wächst rascher. Der Strahlzerfall muß daher auf einem kleineren Verzögerungsweg erfolgen, als er durch die theoretischen Gleichungen gegeben erscheint. Daß mit der Verkleinerung der Düsenlänge die Strahlverzögerung rascher erfolgt, oder, was dasselbe bedeutet, die Strahllänge kürzer wird, ist durch diese auftretenden Seitenkräfte bedingt, die durch Ausbildung einer Geschwindigkeitskomponente in normaler Richtung zur Strahlachse, die Geschwindigkeit in der Strahlrichtung vermindern. Je nach Ausbildung der Düsenlänge des steuernden Querschnittes, oder genauer je nach der Größe des Verhältnisses $\dfrac{\text{Düsenlänge}}{\text{Düsendurchmesser}} = \dfrac{l}{d}$ hat man also die Möglichkeit, den Strahlkegel zu verändern: zu verbreitern oder den theoretischen Ergebnissen anzugleichen.

3. Die Verwirbelungsarbeit

In gleicher Weise wie beim Kompressordieselverfahren hat auch beim kompressorlosen Verfahren der reinen Druckeinspritzung die Verwirbelungsarbeit einen entscheidenden Einfluß auf die Güte der Verbrennung im Zylinder.

In Tabelle 22 und Abb. 58 ist ein Vergleich zwischen Einblaseenergie bei Kompressordieselmaschinen und der Einspritzenergie bei reiner Druckeinspritzung gezogen. Einblaseenergie dort, wie Einspritzenergie hier, haben ja die Verwirbelungsarbeit aufzubringen, abgesehen von den besonderen Verfahren einer zusätzlichen Verwirbelungsarbeit (z. B. durch Verdrängerkolben oder durch Schirmventile).

Der Tabelle 22 und der Abb. 58 sind folgende Zahlenwerte zugrunde gelegt:

Für die Einblaseenergie (s. S. 23)

$$G_b = 1_g,\ G_l = 1_g,\ \text{daher}\ \frac{G_b}{G_l} = 1,$$

(normale Betriebsverhältnisse)

$$\frac{1}{\gamma_l} = 0{,}027\ m^3/kg. \qquad \text{(siehe Seite 17)}$$

Für die Einspritzenergie

$$G_b = 1\,g, \quad \gamma_b = 900 \; kg/m^3.$$

Der mittlere Verbrennungsdruck sei in beiden Fällen $p_2 = 35$ at. Die Einblaseenergie L_e und Einspritzenergie L_s sind durch die Gleichungen

$$L_e = G_l \cdot P_1\, v_1\, l_n \frac{p_1}{p_2} \quad \text{und} \quad L_s = G_b \frac{P_1 - P_2}{\gamma_b}$$

gegeben.

Tabelle 22

p_1^{at}	L_e^{mkg}	L_s^{mkg}	p_2^{at}
35	0	0	
40	1,26	0,0555	
50	3,38	0,167	
60	4,725	0,278	
70	6,52	0,39	
80	7,8	0,5	
90	8,9	0,61	35
100		0,72	
125		1,0	
150		1,28	
175		1,56	
200		1,83	
225		2,1	
250		2,4	
275		2,67	
300		2,94	

Vergleichen wir die Zahlenwerte und Kurven der Energien beider Verfahren in den normalen Betriebsdruckbereichen ($p_1 = 60^{at}$ für Einblasevorgang, $p_1 = 300^{at}$ für Einspritzvorgang), so können wir feststellen, daß die Einspritzenergie bei reiner Druckeinspritzung wesentlich kleiner ist als die Einblaseenergie beim Einblasevorgang.

Die Verwirbelungsarbeit ist ein Arbeitsbegriff, stellt also eine Arbeit dar, die innerhalb einer gewissen Zeit vollstreckt sein soll, die abhängig von der Tröpfchengröße ist. Für ein im Zeitelement dt eingespritztes oder eingeblasenes Element dG_b des Brennstoffgewichtes kann die Verwirbelungszeit abhängig gemacht werden von der Zeit der Erwärmung des dG_b auf die Entzündungstemperatur, des sogenannten Zündverzuges. Diese Erwärmungszeit ist eine Funktion der Tröpfchengröße und der daraus bedingten Oberfläche des dG_b. Sind die Tröpfchen größer, die zerstäubte Flüssigkeitsoberfläche also kleiner, wird offenbar die Erwärmungszeit größer sein und umgekehrt. Die Verwirbelung und damit die Aufteilung

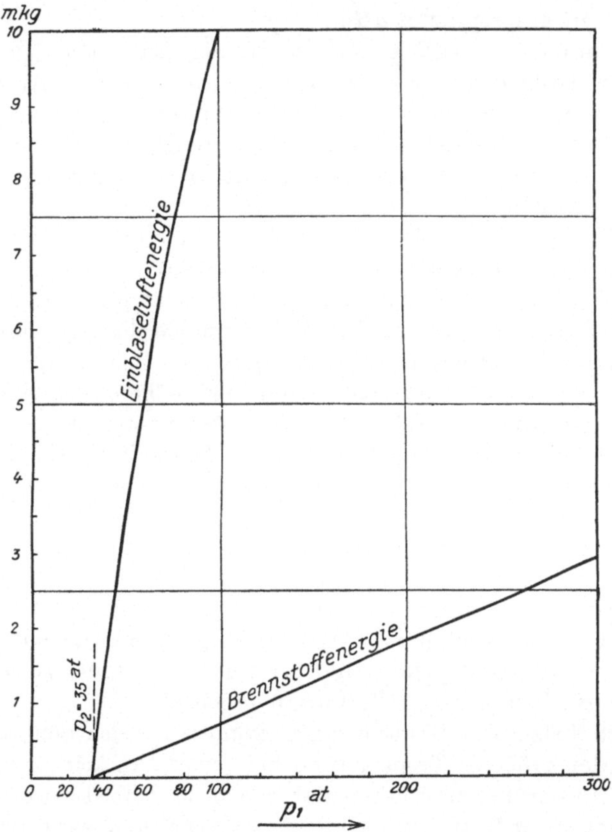

Abb. 58. Einblaseluftenergie (Einblasevorgang) und Brennstoffenergie (Einspritzvorgang), abhängig vom Einblase- und Einspritzdruck p_1.

der notwendigen Verbrennungsluft auf ein im Zeitelement dt eingespritztes oder eingeblasenes Brennstoffgewicht dG_b hat im Moment des Erreichens der Entzündungstemperatur der Brennstoffteilchen annähernd abgeschlossen zu sein, soll die Verbrennungsgüte nicht leiden.

Vergleichen wir die aus dem Zerstäubungsvorgang beim Einblaseverfahren sich ergebende Tröpfchengröße mit der Tröpfchengröße, die sich beim Strahlzerfall der reinen Druckeinspritzung ergibt, so können wir durch vergleichende Rechnungen feststellen: trotz der nicht vollständigen Ausnützung der aus dem Druckgefälle der Einblaseluft sich ergebenden größten Relativgeschwindigkeit bei den heute gebräuchlichen Brennstoffdüsen für Einblaseluft (s. S. 49) ergibt sich bei reiner Druckeinspritzung gegenüber dem ersten Verfahren eine bedeutend größere Tröpfchengröße und damit eine kleinere Gesamtoberfläche für ein im Zeitelement dt eingespritztes dG_b.

Angenommen, es ergäbe sich wegen der schlechten Querschnittsverhältnisse, trotz eines normalen Einblasedruckes von 70 Atm. an den Zerstäubungsplättchen eines Plättchenzerstäubers eine die Zerstäubung maßgebend beeinflussende Relativgeschwindigkeit von $w_r = w_1 = 100\ m/sek.$, so ergibt sich daraus ein mittlerer Tröpfchendurchmesser $2r_1 = 0,008$ (s. Abb. 8).

Für 250 Atm. bei reiner Druckeinspritzung ergibt sich aus Abb. 53 eine kleinste Tröpfchengröße von $2r_1 = 0,024\ mm$.

Die Folge ist, daß sich trotz der kalten Einblaseluft, die infolge ihres spezifischen Gewichtes eine, im Vergleich zum gleichzeitig eingeblasenen Brennstoffgewicht, übergroße Oberfläche für die Erwärmung darbietet, die aus dem Einblasevorgang ergebenden kleinen Tröpfchen eine kürzere Zeit benötigen, um sich auf Entzündungstemperatur zu erhitzen, als die größeren Brennstoffteilchen bei reiner Druckeinspritzung. Die bei letzterem Verfahren aus dem angeführten Grunde sich ergebende g r ö ß e r e Verwirbelungszeit bedarf daher bei gleicher Verwirbelungsarbeit für ein dG_b eine kleinere Einspritzenergie dL_s als sie Abb. 58 zeigt, wobei aber noch nicht die bei den heute in Gebrauch stehenden Einblaseluftdüsen bedeutenden Verluste durch schlechte Querschnittsform berücksichtigt ist. Die E n e r g i e k u r v e n der Abb. 58 können daher k e i n vollwertiges Bild für den Vergleich der zu leistenden Verwirbelungsarbeiten beider Verfahren ergeben.

Aus den bisherigen Betrachtungen können wir den Schluß ziehen, daß wegen der größeren Tropfengröße bei reiner Druckeinspritzung der Einspritzbeginn früher zu erfolgen hat, als beim Einblaseverfahren, soll die Verbrennung im Totpunkt beginnen. Dieser Schluß wird auch durch die Praxis bestätigt. Es ergibt sich bei reiner Druckeinspritzung für den normalen Tourenzahlbereich ($n = 200$) je nach dem Brennstoffdruck ein Einspritzbeginn von $4^0 - 15^0$ Kurbelwinkel und mehr vor Totpunkt, gegenüber durchschnittlich 4^0 Kurbelwinkel beim Einblaseverfahren.

Beim Einblaseverfahren konnte die Wirbelbildung durch Ausbildung eines Hauptwirbels eine Erklärung finden. Der Zündverzug ist hier auch so klein, daß die durch Reibung zwischen Einblaseluft und Verbrennungsluft entstehende Wirbelbildung durch die Reibungskräfte noch nicht vernichtet ist, solange der Einblasevorgang andauert. Die Einblaseluft mit den in ihr strömenden Brennstoffteilchen bietet eine verhältnismäßig große Oberfläche, wenn man so sagen darf, dar, die Wirkung der Reibungswiderstände kann sich daher in großem Maße geltend machen in der Weise, daß eine große Strahllänge des Einblaseluftstrahles nicht auftreten kann, sondern bald eine mittlere Wirbelgeschwindigkeit der ganzen Verbrennungsluft sich einstellen wird[1]).

Eine Wirbelbewegung, abgesehen von der Ausbildung kleiner Nebenwirbel, kann sich bei Einströmen einer Flüssigkeit in eine andere gasförmige oder tropfbarflüssige Flüssigkeit nur dann ausbilden, wenn die Oberflächenspannung a, als Grenzspannung, schwindet, die einströmende Flüssigkeit also ihre größtmöglichste Oberfläche darbietet. Bei der reinen D r u c k e i n s p r i t z u n g, wo infolge der Oberflächenspannung a, die Gesamtoberfläche der zerfallenen Flüssigkeitsteilchen noch immer verhältnismäßig klein ist, werden wohl infolge der durch den Reibungswiderstand mitgerissenen Verbrennungsluft Nebenwirbelerscheinungen auftreten, ein H a u p t w i r b e l im Sinne des Einblaseverfahrens kann sich jedoch n i c h t a u s b i l d e n. Durch die Einströmung wird ein mehr oder minder breiter Strahlkegel gebildet, dessen Teilchen durch Nebenwirbel verteilt werden.

Es bestehen nun z w e i G r e n z m ö g l i c h k e i t e n der Verw i r b e l u n g s a r b e i t, um eine gute Verbrennung zu erreichen.

Die erste Möglichkeit besteht darin, einen großen Teil des Brennstoffes bereits vor Totpunkt einzuspritzen.

Im Totpunkt, im Augenblick des Verbrennungsbeginnes haben sich die Brennstoffteilchen bereits so weit im Verbrennungsraum, begünstigt durch eventuelles Abprallen von Zylinderwandung und Kolbenboden, auf die notwendige Verbrennungsluft aufgeteilt, daß die Verbrennung dieser Teilchen durch gleichzeitige Entzündung an verteilten Stellen im Totpunkt beginnend rasch vor sich geht. Begünstigt wird diese Möglichkeit durch die veränderliche Größe der Brennstoffteilchen während des Einspritzvorganges. Aus Tabelle 21 und Abb. 54 ergibt, bei konstantem Flüssigkeitsdruck, die Einspritzung über den Kompressionshub eine zunehmende Zerstäubungsgüte.

In der Tabelle 23 ist nach der von Dr. R i e h m[2]) entwickelten Gleichung

$$t_z^{\text{sec}} = -\frac{r_2\, c_b \cdot \gamma_b}{3\,\lambda}\, ln\, \frac{T_c - T_z}{T_c - T_a} \cdot 3600 \qquad (34)$$

die Zündzeit für die im Verlaufe des Kompressionshubes eingespritzte Brennstoffteilchen ausgerechnet.

<hr>

[1]) Physikalische Untersuchungen über die Wirbelbildung finden sich in dem schon öfter angeführten Werke: W i n k e l m a n n, Handbuch der Physik.

[2]) Z. d. V. d. I., 1924, S. 644. Untersuchungen über den Einspritzvorgang bei Dieselmaschinen.

Es bedeutet in der Gleichung:

t_z^{sec} die Zündzeit, d. i. jene Zeit, die zum Erwärmen des Teilchens auf Entzündungstemperatur notwendig ist.

c_b die spezifische Wärme der Flüssigkeit.

γ_b das spezifische Gewicht der Flüssigkeit.

λ die Wärmeleitzahl der Luft.

T_c die absolute mittlere Verdichtungstemperatur der Luft.

Da die Verdichtungstemperatur mit der Kompression zunimmt, sei jeweils die mittlere Temperatur vom jeweiligen Einspritzen des Teilchens bis zum Totpunkt genommen.

T_z die absolute Flüssigkeitstemperatur bei der Entzündung.

T_a die absolute Anfangstemperatur der Flüssigkeit.

Es seien ferner die von Dr. **Riehm** angegebenen Zahlenwerte für die folgenden Größen benützt:

$c_b = 0 \cdot 45$

$\lambda =$ die Wärmeleitzahl für die veränderliche Verdichtungstemperatur ergibt sich nach den Zahlenwerten von **Riehm** nach Abb. 59.

Ferner sei

$$\gamma_b = 900 \; kg/m^3$$
$$T_a = 273^0 + 50^0 = 323^0$$
$$T_z = 273^0 + 350^0 = 623^0.$$

Die Zahlenwerte der Tabelle 23 sind in Abb. 60 als Kurven konstanten p_1 über p_2 dargestellt. Wie aus dem Verlauf der Kurven hervorgeht, nimmt der Zündverzug, der jeweilig eingespritzten Tröpfchen mit der Annäherung an den inneren Totpunkt (Endkompressionsspannung $p_2 = $ 30 Atm.) immer mehr ab. Die Kurven der Zeit t, die vom jeweiligen Einspritzen bis zur Erreichung des Totpunktes verstreicht, sind als Gerade, wie sie sich annähernd aus dem Diagramm Abb. 53 ergaben, für einen allgemeinen Fall schematisiert zu denken. Vergleichen wir z. B. eine intepoliert gedachte t_z-Kurve zwischen $p_1 = 100$ Atm. und

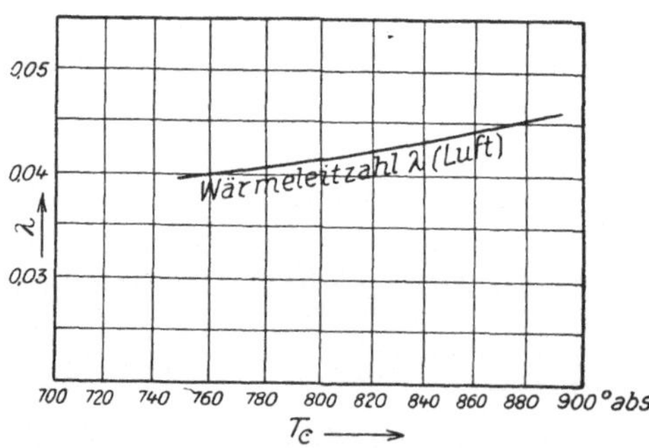

Abb. 59. Wärmeleitzahl λ für Luft, abhängig von der absoluten Lufttemperatur.

130 Atm. mit einer t-Kurve für $n \curvearrowright 200$, so sehen wir, daß beide Kurven über einen Kurbelwinkelbereich von ungefähr $\alpha^0 = 20^0$ bis 10^0 mit kleineren Unterschieden im gleichen Ordinatenbereich sich bewegen, d. h. $t_z \curvearrowright t$. Allmählich wird, mit der Abnahme des α^0, t_z wieder größer als t. Es werden

also die im Kurbelwinkelbereich von 20^0-10^0 eingespritzten Brennstoffteilchen gleichzeitig im Totpunkt zur Zündung gelangen und starke Drucksteigerungen zur Folge haben. (Verpuffungsverfahren.) Die nach 10^0 Kurbelwinkel v. Tp. eingespritzten Brennstoffteilchen finden infolge der Verbrennung eine weit höhere Temperatur vor, werden im Verhältnis zu früher viel schneller die Entzündungstemperatur erreichen, jedoch wegen der sich verschlechternden Aufteilung des Brennstoffes auf die von verbrannten Gasen bereits durchsetzte Verbrennungsluft schließlich mehr oder minder nachbrennen.

Tabelle 23

p_2^{at}		14	18	22	26	30
α^0		32,5	24,5	16,4	8,25	0
$T_2^{0\,abs}$		730	773,3	809	836	862,5
T_c		796,3	817,9	835,75	849,25	862,5
$p_1 = 100^{at}$	r_1^{mm}	0,0549	0,0475	0,0423	0,0394	0,0373
	t_z^{sec}	0,0364	0,02414	0,01765	0,0145	0,0123
150^{at}	r_1	0,0347	0,0295	0,0258	0,0235	0,0217
	t_z	0,01563	0,0093	0,00655	0,00517	0,00419
200^{at}	r_1	0,0254	0,0214	0,0186	0,0167	0,0154
	t_z	0,00775	0,0049	0,00338	0,00263	0,00211
250^{at}	r_1	0,02	0,0168	0,0145	0,013	0,0113
	t_z	0,00483	0,00301	0,00206	0,001585	0,00125
300^{at}	r_1	0,0165	0,0138	0,012	0,0106	0,0097
	t_z	0,00328	0,002034	0,001385	0,001058	0,000832
350^{at}	r_1	0,014	0,0117	0,0106	0,009	0,0081
	t_z	0,00238	0,00147	0,001104	0,00076	0,00059

Die Zündzeitkurven wurden unter der Voraussetzung aufgestellt, daß die Brennstoffteilchen sogleich als Tröpfchen einströmen und in genügendem Maße auf die heiße Zylinderluft aufgeteilt sind, um sich so schnell zu erwärmen, als es Abb. 60 und Tabelle 23 ergibt. In Wirklichkeit ist zu bedenken, daß der Strahl, wenn auch schon zerfallen, anfangs geschlossen ist und sich erst allmählich verbreitet. Es wird also für den geschlossenen Strahl die Erwärmung bedeutend ungünstiger erfolgen, als es die theoretische Untersuchung nach Abb. 60 ergibt. Mit anderen Worten: **Es werden die Zündzeiten bedeutend größer sein, als es Tabelle 23 und Abb. 60 entspricht.** Es wird in Wirklichkeit vielleicht die t_z-Kurve für $p_1 = 200$ Atm. der theoretischen t_z-Kurve für $p_1 = 100$ Atm. entsprechen.

Anderseits nimmt die kritische Strahllänge y mit α^0 ab. (Siehe Abb. 54.) Die Folge davon ist, daß die Erwärmungsbedingungen für die eingespritzten Brennstoffteilchen mit der Abnahme von α^0 immer günstiger werden, weil sich der Strahl durch die Abnahme von y schneller ausbreitet. Dadurch werden die Zündzeiten mit der Abnahme von α^0 kleiner als es dem theoretischen Kurvenverlauf der Abb. 60 entspricht. Die Kurvenform der t_z wird gestreckt und nähert sich einer Geraden.

Es wird also an der wirklichen Maschine ein

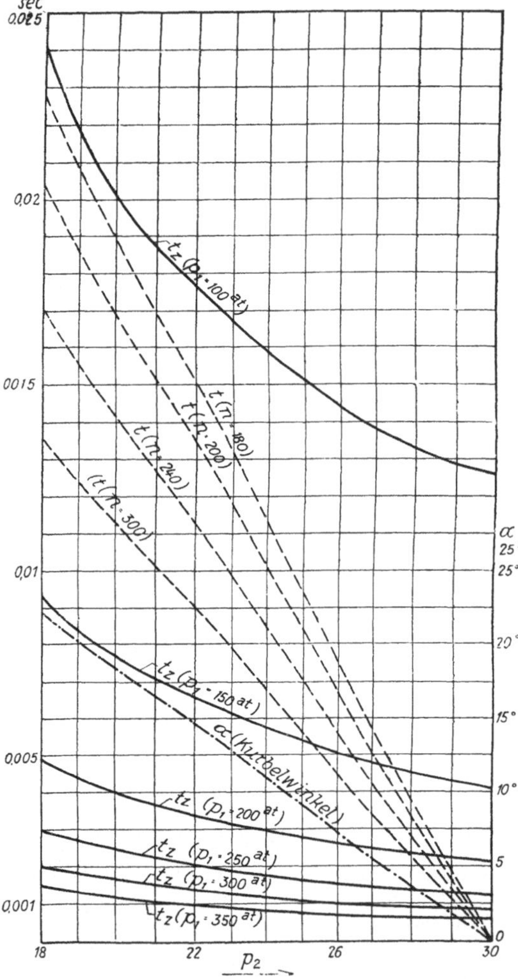

Abb. 60. Zündverzug und Einspritzzeit bis zum inneren Totpunkte, abhängig vom Kurbelwinkel α^0 und Kompressionsdruck p_2.

bedeutendes Brennstoffteilgewicht im Totpunkt gleichzeitig zur Zündung kommen, daß große Drucksteigerungen zur Folge haben muß (Verpuffungsverfahren).

Wie aber vor allem aus Abb. 60 hervorgeht, ist durch die Annahme des Einspritzbeginnes für ein Optimum an Verbrennungsgüte ein ganz bestimmter Flüssigkeitsdruck gegeben, als Folge der Brennstoffteilchengröße und des Zündverzuges. Von Einfluß ist ferner der Gesamtquerschnitt der Düsenbohrungen, um die Einspritzzeit den Forderungen anzugleichen, die in Hinblick auf die Einspritzenergie im Zeitelement erforderlich ist.

Die zweite Grenzmöglichkeit der Aufbringung der notwendigen Verwirbelungsarbeit besteht darin, daß die Einspritzenergie des Brenn-

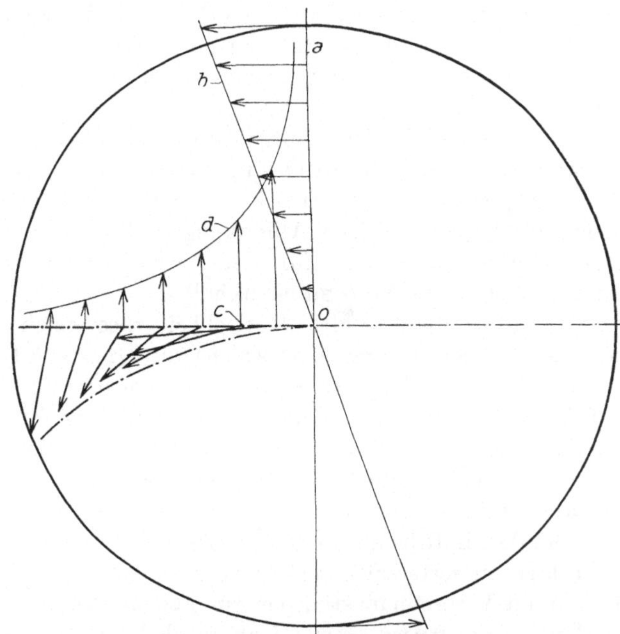

Abb. 61. Verwirbelungsvorgang bei zusätzlicher Verwirbelungsarbeit (Schirmventil) (schematisch).

stoffstrahles nur teilweise die Verwirbelungsarbeit zu decken hat. Der übrige Teil wird durch eine zwangsweise gerichtete Strömungsenergie der Verbrennungsluft (Verdrängerkolben, Schirmventil) aufgebracht.

Dadurch, daß die Einspritzenergie nun nur zum Teil die Verwirbelungsarbeit aufzubringen hat, ist gegenüber dem ersten Fall der Einspritzbeginn nahe an den Totpunkt gerückt, ähnlich dem Einblaseverfahren, abhängig vom Zündverzug in der Weise, daß die Verbrennung im Totpunkt beginnt.

Es sei der Fall untersucht, ein Teil der Verbrennungsarbeit werde durch erzwungene Strömungsenergie der Verbrennungsluft mittels Schirmeinlaßventils erzeugt.

In Abb. 61 sei ein zur Zylinderachse normaler Schnitt durch den Verbrennungsraum schematisch dargestellt. Das Diagramm der Strömungsgeschwindigkeit sei durch die Geraden a und b, die durch die Zylinderachse gezogen sind, schematisch gegeben. Ist c die Achse eines einströmenden Flüssigkeitsstrahles, so ergibt sich aus den theoretischen Untersuchungen über den Strahlzerfall eine schematische Geschwindigkeitskurve d, wie sie über c aufgetragen ist. Setzen wir über die Strahllänge die Brennstoffgeschwindigkeiten und die zugeordneten Geschwindigkeiten der Verbrennungsluft zu resultierenden Geschwindigkeiten zusammen, so erhalten wir ein Strömungsbild, wie es in der Abb. 61 dargestellt ist.

Die Verwirbelung und Verbrennung ergibt sich daraus folgendermaßen: Der Brennstoffstrahl tritt in O ein, zerfällt nach einer gewissen Strahllänge in Tröpfchen. Diese erreichen Entzündungstemperaturen und verbrennen unter gleichzeitiger Ablenkung in Richtung der resultierenden Geschwindigkeit, so daß für den nachfolgenden Brennstoff frische Verbrennungsluft zur Verfügung steht[1]).

Im Grenzfall führt diese zweite Möglichkeit theoretisch auf eine Verbrennung, die annähernd unter k o n s t a n t e m D r u c k erfolgt. Bedingung ist, daß die bei Einspritzbeginn aus dem Strahlzerfall sich ergebenden Flüssigkeitsteilchen so klein sind, daß der Zündverzug praktisch ein Minimum erreicht und im Totpunkt tatsächlich nur das bei Einspritzbeginn eingeströmte Brennstoffteilgewicht zur Verbrennung kommt. Wie aus Abb. 54 hervorgeht, nimmt nach Totpunkt infolge der kleiner werdenden Luftdichte die Tröpfchengröße wieder zu. Damit nimmt auch, relativ gewertet, der Zündverzug zu, (absolut wird er infolge der steigenden Verbrennungstemperatur abnehmen), so daß eine G l e i c h d r u c k v e r b r e n n u n g theoretisch möglich erscheint.

In Wirklichkeit wird sich als Grenzfall eine Verbrennung mit mäßiger Drucksteigerung einstellen lassen.

---

[1]) Die beim Abschluß meiner Arbeit erschienene Veröffentlichung „Dieselmotoren mit Strahlzerstäubung" von Ob.-Ing. Hintz in der Z. d. V. d. I., Bd. 69, S. 673 ist eine Bestätigung für die theoretischen Untersuchungen des Strahlzerfalls und der Verwirbelungsarbeit. Vgl. Abb. 4 und 33 der Veröffentlichung von Hintz. Das Aufprallenlassen des Brennstoffstrahles auf den Kolbenboden bei den Versuchen von Hintz bewirkt, wie aus den theoretischen Untersuchungen hervorgeht, eventuell, einen früheren Zerfall des Brennstoffstrahles. Es hängt vom Brennstoffdruck und der Luftdichte ab, ob bei Berührung des Strahles mit dem Kolbenboden der Strahlzerfall schon erfolgt ist oder nicht. Auf jeden Fall tritt, infolge des für die einzelnen Brennstoffteilchen des Strahles veränderlichen Auftreffwinkels, eine für die Verwirbelungsarbeit im günstigen Sinne wirkende Aufteilung der Brennstoffteilchen auf die Verbrennungsluft ein.

Auch hier ist für einen festgelegten Punkt des Einspritzbeginnes der Flüssigkeitsdruck für ein Optimum an Verbrennungsgüte eindeutig bestimmt. Bei Festlegung der Anzahl der Düsenbohrungen und der Einspritzzeit ist auch der Einstellwinkel des Schirmventils und damit auch die Größe der Strömungsgeschwindigkeit der Verbrennungsluft bestimmt.

Praktisch wird sich im allgemeinen auch beim Fall der zusätzlichen Verwirbelungsarbeit die Verwirbelung nicht nur allein nach dem besprochenen Grenzfall ausbilden. Es wird sich auch bei Anwendung der zusätzlichen Verwirbelungsarbeit eine mehr oder minder innige Verbindung mit dem zuerst betrachteten Grenzfall der Verpuffung einstellen, bedingt durch

1. den konstruktiven Aufbau der verwendeten Einspritzdüsen,

2. den daraus und aus dem Flüssigkeitsdruck resultierenden, mehr oder minder großen Zündverzug, wodurch vor Totpunkt ein bereits größerer Teil des Brennstoffgewichtes eingespritzt sein wird, der zum Teil im Totpunkt bereits zur Verbrennung kommt und größere Drucksteigerungen zur Folge hat.

Praktische Bedeutung haben im weitläufigen Sinne beide betrachteten Grenzfälle. Hat man im ersten Entwicklungsstadium der kompressorlosen Dieselmaschine mit reiner Druckeinspritzung die großen Drucksteigerungen als notwendiges Übel in Kauf genommen, so gehen heute die Bestrebungen einzelner Dieselfirmen bereits dahin, die großen Drucksteigerungen durch eine allmähliche in mäßigen Grenzen gehaltene Drucksteigerung während der Verbrennung zu ersetzen. Daß mäßige Drucksteigerungen möglich sind, wurde durch die bisherigen Untersuchungen bestätigt.

4. Allgemeine theoretische Forderungen an die Regelung der Dieselmaschinen mit reiner Druckeinspritzung

a) Belastungsregelung bei konstanter Umdrehungszahl der Maschine.

Die im früheren Abschnitt erfolgte Untersuchung des ersten Grenzfalles der Verwirbelungsarbeit (Verpuffungsverfahren), hat, wie Abb. 58 zeigt, ergeben, daß der Zündverzug der vor Totpunkt eingespritzten Brennstoffteilchen der Zeit, die sich vom jeweiligen Einspritzen bis zum Totpunkt ergibt, annähernd proportional gesetzt werden kann. Es ergeben sich daraus zwei Möglichkeiten der Belastungsregelung:

1. Durch Änderung der Einspritzzeit bei konstant gehaltenem Einspritzbeginn,

2. durch Änderung der Einspritzzeit und Änderung des Einspritzbeginnes die Belastung zu regeln.

Für den Grenzfall des Verpuffungsverfahrens sind beide Arten der Belastungsregelung nach den bisherigen Untersuchungen möglich, bei annähernd konstanter Verbrennungsgüte über die Belastung.

Für den zweiten Grenzfall der zusätzlichen Verwirbelungsarbeit muß jedoch, will man annähernd den Verbrennungsdruck konstant halten, bei konstantem Einspritzbeginn durch Änderung der Einspritzzeit die Belastung geregelt werden.

b) Regelung bei konstantem Drehmoment und· veränderlicher Tourenzahl.

Auch hier bestehen zwei Grenzmöglichkeiten, welche unmittelbar aus den bisherigen Untersuchungen hervorgehen:

1. Einspritzbeginn und Einspritzwinkel bleiben bezogen auf den Kurbelwinkel konstant. Da sich mit der Änderung der Tourenzahl auch die Zeit vom Einspritzbeginn bis zu der im Totpunkt beginnenden Verbrennung ändert, so muß der Zündverzug veränderlich sein. Das ist jedoch nur durch Änderung der Tröpfchengröße zu erreichen, die ihrerseits eine Änderung des Flüssigkeitsdruckes verlangt.

2. Der Einspritzbeginn sei bezogen auf den Kurbelwinkel veränderlich und zwar so, daß die Zeit vom Einspritzbeginn bis zu der im Totpunkt beginnenden Verbrennung konstant bleibt. Damit ist der Zündverzug konstant, die Tröpfchengröße und daher auch der Flüssigkeitsdruck konstant zu halten.

Diese Betrachtungen stellen nur ganz allgemeine Forderungen der Regelung auf. Zur praktischen Auswertung müßten in Verbindung mit der Untersuchung der Brennstoffpumpenförderung in ähnlicher Weise wie beim Einblaseverfahren diejenigen Verhältnisse untersucht werden, die den aufgestellten theoretischen Forderungen am ehesten gerecht werden.

5. Vergleichende Zusammenfassung des Einblase- und Einspritzvorganges

Fassen wir die Untersuchungen des Einblase- und Einspritzvorganges zusammen, so können wir vergleichend feststellen:

Die Größe der zerstäubten Brennstoffteilchen ist bei beiden Verfahren abhängig von der Oberflächenspannung.

Die Viskosität des Treiböles beeinflußt nur die Fortleitung der Flüssigkeit. Die Tröpfchengröße des zerstäubten Brennstoffes ist theoretisch von der Viskosität unabhängig.

Die Zerstäubungsgüte bei normalem Einblasedruck ist beim Einblaseverfahren wesentlich günstiger als bei reiner Druckeinspritzung, trotz des verwendeten hohen Flüssigkeitsdruckes, bezogen auf einen konstanten Zustand des Mediums, in welches der Brennstoff eingeblasen, bzw. eingespritzt wird.

Die Verbrennungsgüte beim Einspritzvorgang erleidet jedoch dadurch theoretisch keine Einbuße, da allgemein für die Güte der Verbrennung nicht die Tröpfchengröße allein, sondern eine gute Übereinstimmung von Tröpfchengröße und notwendiger Verwirbelungsarbeit in der zur Verfügung stehenden Zeit (Zündverzug) maßgebend ist.

6. Die Verwendung verschiedener Treiböle bei reiner Druckeinspritzung

Aus den theoretischen Untersuchungen des Einspritzvorganges bei reiner Druckeinspritzung folgt, daß sich mit der Veränderung der physikalischen und chemischen Eigenschaften des Brennstoffes auch die Einspritzzeit, die Zerstäubungsgüte und damit die Verbrennungsgüte ändern wird, hält man den Flüssigkeitsdruck bei Verwendung ein und derselben Düse konstant.

Es wird also auch hier, in gleicher Weise wie beim Einblaseverfahren, ein und derselbe Brennstoffdruck nur für ein Öl bestimmter Eigenschaft ganz entsprechen.

Bei Verwendung eines Treiböles von anderer physikalischer und chemischer Eigenschaft muß der Brennstoffdruck entsprechend geändert werden, um dieselbe Verbrennungsgüte in der Maschine zu erzielen (Gasöle — Steinkohlenteeröle).

Nachwort

Ich bin mir bewußt, daß ich mit diesen Untersuchungen des Einbläse- und Einspritzvorganges nur einen kleinen Teil der noch der Lösung harrenden Aufgaben auf diesem Gebiete der Erkenntnis nähergebracht habe. Insbesondere treten heute noch bei den kompressorlosen Dieselmaschinen Schwierigkeiten auf, die den Einspritzvorgang stören, so daß der hier theoretisch abgeleitete Einspritzvorgang nur eine allgemeine Erklärung und Untersuchung darstellen kann. Im besonderen Einzelfall an der wirklichen Maschine wird sich durch theoretisch noch nicht einwandfrei erkennbare, vor allem jedoch nicht allgemein gültige Nebeneinflüsse (z. B. Schwingungen in der Brennstoffzuführung) der Einspritzvorgang weit verwickelter gestalten. Möge daher diese Schrift eine Anregung zu weiteren eingehenden Untersuchungen dieser Vorgänge in der Dieselmaschine sein!

Literaturnachweis

„Dieselmaschinen", Sonderheft der Z. d. V. d. I., 1923.

Ebermann: Die Beeinflussung der Brennlinie bei Dieselmotoren. Sonderabdruck d. Z. d. V. d. I., Berlin: 1920.

Enzyklopädie der mathematischen Wissenschaften, V. Band, 1. Teil. Leipzig: B. G. Teubner.

Lorenz: Lehrbuch der technischen Physik, 3. Band. München, Berlin: Oldenbourg.

Magg: Steuerungen der Verbrennungskraftmaschinen, Berlin: Julius Springer, 1914.

Münzinger: Untersuchungen an einem 15 PS MAN-Dieselmotor, Forschungsheft 174, Berlin: V. d. I.

Neumann: Untersuchungen an der Dieselmaschine, Forschungsheft 245, Berlin: V. d. I.

Scheuermann: Annalen der Physik, Band 60, IV. Folge. Gestalt und Auflösung des fallenden Flüssigkeitsstrahles.

Schüle, W.: Technische Thermodynamik, I., 2. Aufl. Berlin: Julius Springer.

Winkelmann: Handbuch der Physik, I, 2. Leipzig: 1908.

Z. d. V. d. I., 1922, 1924, 1925.

Zwerger: Das Wärmediagramm als Grundlage für die Untersuchung einer Ölmaschine: Forschungsheft 216, V. d. I., Berlin.

Sach- und Namenverzeichnis

Arbeitsgleichung der Düse mit Lufteinblasung 12.
— des unter hohem Druckgefälle ausströmenden Flüssigkeitsstrahles 98.
Ausflußkoeffizient 50.

Belastungsregelung bei konstantem
Einblasedruck und konstanter
Ventileröffnungszeit 60.
Brennstoffbeschleunigungsarbeit 11,
29.
Brennstoffgeschwindigkeit 37.

Deutz 68, 122.
Düsen, geschlossene 8, 9.
— offene 10.
— Normalisierung von 95.
Düsenmündungsquerschnitt als Funk-
tion von w_2, w_{b2} und $\dfrac{G_b}{G_l}$ ... 26.

Einblasedruck, Einfluß auf die Zerstäubung 24.
Einblasedruckregelungen 78.
Einblasedruck, Regelung des — bei
konstantem Drehmoment und
veränderlicher Tourenzahl 80.
— Änderung bei veränderlichem Drehmoment und veränderlicher Tourenzahl 87.
Einblaseenergie, Änderung der —
durch Änderung der Einströmzeit
77.
— — — mit Änderung der Tourenzahl bei konstantem Drehmoment
83.
Einblaseluftenergie 23, 41, 123.
Einblaseluftgewicht 23.
— Einfluß auf die Zerstäubung 24.
Einblasevorgang bei Brennstoffdüsen
mit Lufteinblasung, der 7.

Einspritzbeginn 126.
Einspritzdüse, offene 121.
— geschlossene 122.
Einspritzenergie 123.
Einspritzvorgang bei kompressorlosen
Dieselmaschinen 97 ff.
— — praktisch ausgeführten Düsen
121.
Einströmvorgang an der praktischen
Düse mit Lufteinblasung 49.
Energieumsatz in der Brennstoffdüse
mit Lufteinblasung 11.
Entropiediagramm 80.

Fallender Strahl 110.
Flasche 68.
Flüssigkeitsstrahl, Gestalt 98.
Flüssigkeitsteilchen, Größe der 16.

Gleichdruckverfahren — Verpuffungs-
verfahren 75, 129, 132.
Grazer Waggon- und Maschinenfabrik
A.-G. 68, 78, 87.

Hauptformen der Brennstoffdüsen mit
Lufteinblasung, die 7.
Hesselmann 122.

Integralkurve 34.

Kapillarwellen 109.
Konstruktion von Brennstoffdüsen,
Grundsätze für die 59.
Krupp 122.

Lang 7.
Leerlaufarbeit 62.
Leistungsregelung 80.
Leistungserhöhung 96.
Literaturnachweis 136.

Markowitz 7.

Magg 92.
MAN 68, 122.
Meridiankurve des Flüssigkeitsstrahles 101.
Münzinger 68.

Nachwort 135.
Nadelhubregulierungen 78.
Neumann 50.
Nobel Diesel A.-G. 68, 87.

Oberflächenenergie 2.
Oberflächenspannung 1.
Oberflächenspannung, Einfluß auf die Zerstäubung 6.
Offene Düse 10, 52, 59.

Physikalische Grundlagen der Zerstäubung 1.
Plättchenzerstäuber 8, 50, 55.

Querschnittsverlauf der idealen Düse 54.
— des Plättchenzerstäubers 55.
— des Spaltzerstäubers 57.
— der offenen Düse 59.

Regelung des Einblasedruckes mit der Belastung 64.
— der Dieselmaschinen mit reiner Druckeinspritzung 133.
Reguliergrade 65.
Reibungsarbeit an den Düsenwandungen 11.
Reibungskoeffizient 7.
Reibungskraft, Ursachen der 4.
Relativgeschwindigkeit 4, 120.
Riehm 121, 127.
Rosborg 68.

Schirmventil 132.

Schwerkraft, Wirkung der 4.
Spaltzerstäuber 9, 52, 57.
Strahlzerfall 108.
— länge 112.
Subnormale 104.

Thomson 109.
Tourenzahlveränderung, Grenzen der 95.
Treiböle, Verwendung verschiedener 96, 135.
Tröpfchengröße 21, 112, 117.

Verbrennungsvorgang 44.
Verdrängerkolben 131.
Vergleichende Zusammenfassung des Einblase- und Einspritzvorganges 134.
Verwendung verschiedener Treiböle 96, 135.
Verwirbelungsarbeit 11, 41, 123.
— Grenzfälle bei reiner Druckeinspritzung 127.
Verzögerungsdruck 104.
Viskosität 6.

Wärmeleitzahl 00.
Wirbelausbildung 42.
Wirbelgeschwindigkeit, mittlere 43.

Zerfall von Flüssigkeitsstrahlen unter großem Druckgefälle 97.
Zerstäubung des Brennstoffes mittels Druckluft 14.
Zerstäubungsarbeit 11, 15, 17 ff.
Zündverzug—Verwirbelungsarbeit 86.
Zündverzug 127.
Zündzeitkurven 129.
Zwerger 71.

Schnellaufende Dieselmaschinen. Beschreibungen, Erfahrungen, Berechnung, Konstruktion und Betrieb. Von Marinebaurat Professor Dr.-Ing. **O. Föppl in** Braunschweig, Oberingenieur Dr.-Ing. **H. Strombeck,** Leunawerke und Professor Dr. techn. **L. Ebermann** in Lemberg. Dritte, ergänzte Auflage. Mit 148 Textabbildungen und 8 Tafeln, darunter Zusammenstellungen von Maschinen von AEG., Benz, Daimler, Danziger Werft, Deutz, Germaniawerft, Görlitzer M.-A., Körting und MAN Augsburg. (246 S.) 1925. Gebunden 11 40 Goldmark

Ölmaschinen. Wissenschaftliche und praktische Grundlagen für Bau und Betrieb der Verbrennungsmaschinen. Von Professor **St. Löffler,** Berlin und Professor **A. Riedler,** Berlin. Mit 288 Textabbildungen. (532 S.) 1916. Unveränderter Neudruck. 1922. Gebunden 18 Goldmark

Ölmaschinen, ihre theoretischen Grundlagen und deren Anwendung auf den Betrieb unter besonderer Berücksichtigung von Schiffsbetrieben. Von Marine-Oberingenieur a. D. **Max Wilh. Gerhards.** Zweite, vermehrte und verbesserte Auflage. Mit 77 Textfiguren. (168 S.) 1921. Gebunden 5.80 Goldmark

Schiffs-Ölmaschinen. Ein Handbuch zur Einführung in die Praxis des Schiffsölmaschinenbetriebes. Von Direktor Dipl.-Ing. Dr. **Wm. Scholz,** Hamburg. Dritte, verbesserte und erweiterte Auflage. Mit 188 Textabbildungen und 1 Tafel. (276 S.) 1924. Gebunden 13.50 Goldmark

Außergewöhnliche Druck- und Temperatursteigerungen bei Dieselmotoren. Eine Untersuchung. Von Dr.-Ing. **R. Colell.** Mit 26 Textfiguren. (74 S.) 1921. 2.40 Goldmark

Die Hochleistungs-Dieselmotoren. Von **M. Seiliger,** Ingenieur-Technolog. Mit 196 Textabbildungen und 43 Zahlentafeln. Erscheint Ende 1925

Deutsche Handelsschiffsölmotoren. Von Professor **Walter Mentz,** Danzig-Zoppot. (24 S.) 1923. (Sonderabdruck aus „Werft — Reederei — Hafen", Heft 9 und 10.) 1.20 Goldmark

Motorwagen und Fahrzeugmaschinen für flüssigen Brennstoff

Ein Lehrbuch für den Selbstunterricht und für
den Unterricht an technischen Lehranstalten

Von

Dr.-techn. **A. Heller**
Berlin

Zweite, vermehrte und verbesserte Auflage

Erster Band:

Motoren und Zubehör

Mit 811 Textabbildungen

(442 S.) 1925. Gebunden 33 Goldmark

Das Entwerfen und Berechnen der Verbrennungskraftmaschinen und Kraftgas-Anlagen. Von Maschinenbaudirektor Dr.-Ing. e. h. **Hugo Güldner**, Aschaffenburg. Dritte, neubearbeitete und bedeutend erweiterte Auflage. Mit 1282 Textfiguren, 35 Konstruktionstafeln und 200 Zahlentafeln (809 S.) Dritter, unveränderter Neudruck. 1922. Gebunden 42 Goldmark

---

Untersuchungen über den Einfluß der Betriebswärme auf die Steuerungseingriffe der Verbrennungsmaschinen. Von Dr.-Ing. **G. H. Güldner.** Mit 51 Abbildungen im Text und 5 Diagrammtafeln. (128 S.) 1924. 5.10 Goldmark; gebunden 6 Goldmark

---

Die Steuerungen der Verbrennungs-Kraftmaschinen. Von Dr.-Ing. **Julius Magg.** Zweite Auflage. In Vorbereitung

---

Bau und Berechnung der Verbrennungskraftmaschinen. Eine Einführung. Von **Franz Seufert**, Studienrat a. D., Oberingenieur für Wärmewirtschaft. Vierte, verbesserte Auflage. Mit 93 Textabbildungen und 3 Tafeln. Erscheint Ende 1925

Anleitung zur Durchführung von Versuchen an Dampfmaschinen, Dampfkesseln, Dampfturbinen u. Verbrennungskraftmaschinen. Zugleich Hilfsbuch für den Unterricht in Maschinenlaboratorien technischer Lehranstalten. Von Studienrat a. D., Oberingenieur **Franz Seufert.** Siebente, erweiterte Auflage. Mit 52 Abbildungen. (171 S.) 1921. 3.60 Goldmark

Der Glühkopfmotor in Schiffahrt, Industrie und Landwirtschaft. Von Oberingenieur **Siegbert Welsch.** Mit 85 Abbildungen im Text und 24 Tabellen. (126 S.) 1925   7.20 Goldmark

---

Dampf- und Gasturbinen. Mit einem Anhang über die Aussichten der Wärmekraftmaschinen. Von Professor Dr. phil. Dr.-Ing. **A. Stodola** in Zürich. Sechste Auflage. Unveränderter Abdruck der V. Auflage. Mit einem Nachtrag nebst Entropietafel für hohe Drücke und B^1T-Tafel zur Ermittelung des Rauminhaltes. Mit 1138 Textabbildungen und 13 Tafeln. (1154 S.) 1924.

Gebunden 50 Goldmark

Nachtrag zur fünften Auflage von Stodolas Dampf- und Gasturbinen nebst Entropietafel für hohe Drücke und B^1T-Tafel zur Ermittelung des Rauminhaltes. Mit 37 Abbildungen und 2 Tafeln. (32 S.) 1924.

3 Goldmark

Dieser der 6. Auflage angefügte Nachtrag ist auch als Sonderausgabe einzeln zu beziehen, um den Besitzern der 5. Auflage des Hauptwerkes die Möglichkeit einer Ergänzung auf den Stand der 6. Auflage zu bieten.

Der Wärmeübergang und die thermodynamische Berechnung der Leistung bei Verpuffungsmaschinen, insbesondere bei Kraftfahrzeug-Motoren. Von Dr. Ing. **August Herzfeld.** Mit 27 Textabbildungen. (100 S.) 1925.   6 Goldmark

---

O. Lasche, Konstruktion und Material im Bau von Dampfturbinen und Turbodynamos. Dritte, umgearbeitete Auflage von **W. Kieser,** Abteilungsdirektor der AEG-Turbinenfabrik. Mit 377 Textabbildungen. (198 S.) 1925.   Gebunden 18.75 Goldmark

---

Kolbendampfmaschinen und Dampfturbinen. Ein Lehr- und Handbuch für Studierende und Konstrukteure. Von Professor **Heinrich Dubbel,** Ingenieur. Sechste, vermehrte und verbesserte Auflage. Mit 566 Textfiguren. (530 S.) 1923.   Gebunden 14 Goldmark

---

Die Steuerungen der Dampfmaschinen. Von Prof. **Heinrich Dubbel,** Ingenieur. Dritte, umgearbeitete und erweiterte Auflage. Mit 515 Textabbildungen. (399 S.) 1923.   Gebunden 10 Goldmark